U0101514

唐·陸羽 撰

清·陸廷燦 撰

茶經 續茶經（一）

中國書店

詳校官候補知縣臣楊懋珩

臣　紀　昀　覆　勘

提要　　　　　　　　　　譜録類 _飲饌之屬_

茶經

 臣等謹案茶經三卷唐陸羽撰唐書羽本傳

稱羽著茶經三篇不言卷數藝文志載之小

說家作三卷與今本同傳葢以一卷為一篇

也陳師道後山集有茶經序曰陸羽茶經家

傳一卷畢氏王氏書三卷張氏書四卷内外

書十有一卷其文繁簡不同王畢氏書繁雜

意其舊本張氏書簡明與家書合而多脫誤

家書近古可考正曰七之事以下其文乃合

三書以成之錄為二篇藏于家此本三卷其

王氏畢氏之書歟抑後山集傳寫多訛誤三

篇為二篇也其書分十類曰一之源二之具

三之造四之罷五之煮六之飲七之事八之

出九之畧十之圖其曰具者皆採製之用其

曰羅者皆煎飲之用故二者異部其曰圖者

乃謂統上九類寫以絹素張之非別有圖其

類十其文實九也言茶者莫精于羽其文亦

朴雅有古意七之事所引多古書如司馬相

如凡將篇一條三十八字為他書所無亦旁

資考辨之一端矣

茶錄

臣等謹案茶錄一卷宋蔡襄撰襄莆田人仁

宗賜字曰君謨見集中謝御仕至端明殿學

士諡忠惠事迹具宋史本傳是書乃其皇祐

中為右正言修起居注時所進通考載之作

試茶錄然考石本亦作茶錄則試字為誤增

明矣費袞梁溪漫志載有陳東此書跋曰余

聞之先生長者君謨為閩漕出意造密雲小

團為貢物富鄭公聞之嘆曰此僕妾愛其主

之事耳不意君謨亦復為此余時為兒聞此

語亦知感慕及見茶錄石本惜君謨不移此

筆書旅櫬一篇以進云云案北苑貢茶錄稱

太平興國中特置龍鳳模造團茶是茶乃閩

之土貢茗溪漁隱叢話稱北苑官焙漕司歲

貢為上則造茶乃轉運使之職掌襄特精其

製是亦修舉官政之一端東所述富弼之言

未免操之已感羣芳譜亦載是語而以為出

歐陽修觀修所作龍茶錄後序即述襄造小

團茶事無一貶詞知其語出于依託安知富

弼之言不出依託耶此殆皆因蘇軾詩中有

前丁後蔡致養口體之語而附會其說非事

實也況造茶自慶歷中事進錄自皇祐中事

襄本閩人不過文人好事夸飾土產之結習

必欲加以深文則錢惟演之貢姚黃花亦為

軾詩所譏歐陽修作牡丹譜將并責以惜不

移此筆注大學中庸乎東所云云所謂言之

有故執之成理而實非通方之論者也

品茶要錄

臣等謹案品茶要錄一卷宋黃儒撰儒字道
輔陳振孫書錄解題作道父者誤也建安人
熙寧六年進士此書不載于宋史藝文志明
新安程百二始刊行之有蘇軾書後一篇稱
儒博學能文不幸早亡云云其文見于閣本
東坡外集然東坡外集實偽本本條下則

此文亦在疑信間也書中皆論建茶分為十

篇一采造過時二白合盜葉三入雜四蒸不

熟五過熟六焦釜七壓葉八清膏九傷焙十

辨壑源沙溪前後各為總論一篇大旨以茶

之采製烹試各有其法低昂得失所辨甚微

園民射利售欺易以淆混故特詳著其病以

示人與他家茶錄惟論地產品目及烹試罷

具者用意稍別惟東溪試茶錄內有茶病一

條所稱烏帶白合蒸芽必熟諸語亦僅畧陳

端緒不及此書之詳明錄存其說可以互資

考證也乾隆四十九年三月恭校上

總纂官臣紀昀臣陸錫熊臣孫士毅

總校官臣陸費墀

茶經卷上

唐　陸羽　撰

一之源

茶者南方之嘉木也一尺二尺迺至數十尺其巴川峽

山有兩人合抱者伐而掇之其樹如瓜蘆葉如栀子花

如白薔薇實如栟櫚蒂如丁香根如胡桃_{瓜蘆木出廣}_{州似茶至苦}

如栟櫚蒂_{栟櫚蒲葵之屬其子似茶胡桃與}

茶根皆下孕兆至瓦礫苗木上抽

其字或從草或從

木或草木并　從艸當作茶其字出開元文字通義從木當作搽其字出本草艸木并作茶其字出爾

雅其名一曰茶二曰檟三曰蔎四曰茗五曰荈　周公云檟苦茶楊執戟云蜀西南人謂茶曰蔎郭弘農云早取為茶晚取為茗或一曰荈耳其地上者生爛

石中者生礫壤下者生黃土凡藝而不實植而罕茂法

如種瓜三歲可採野者上園者次陽崖陰林紫者上綠

者次筍者上牙者次葉卷上葉舒次陰山坡谷者不堪

採掇性凝滯結瘕疾茶之為用味至寒為飲最宜精行

儉德之人若熱渴凝悶腦疼目澀四支煩百節不舒聊

卷上

12

四五啜與醍醐甘露抗衡也採不時造不精雜以卉莽

飲之成疾茶為累也亦猶人參上者生百

濟新羅下者生高麗有生澤州易州幽州檀州者為藥

無效況非此者設服薺苨使六疾不瘳知人參為累則

茶累盡矣

二之具

籝 反
加追一曰籃一曰籠一曰筥以竹織之受五升或一

斗二斗三斗者茶人負以採茶也 籝漢書作篔所謂黃
金滿籝不如一經頤

師古云籩竹器也受四升耳

竈無用突者釜用脣口者

甑或木或瓦匪腰而泥籃以篾之篾以系之始其蒸也甑不帶而泥之又以穀木枝三亞者制之散所蒸牙笋并葉畏流其膏

入乎甑既其熟也出乎甑釜涸注於甑中

穀木枝三亞者制之散所蒸牙笋并葉畏流其膏

杵臼一曰碓惟恒用者佳

規一曰模一曰棬以鐵制之或圓或方或花

承一曰臺一曰砧以石為之不然以槐桑木半埋地中

遺無所搖動

檐一曰衣以油絹或雨衫單服敗者為之以檐置承上

又以規置檐上以造茶也茶成舉而易之

芘莉 音把 一曰籯子一曰篣筤以二小竹長三尺軀二

尺五寸柄五寸以篾織方眼如圃人土羅闊二尺以列

茶也

棨一曰錐刀柄以堅木為之用穿茶也

撲一曰鞭以竹為之穿茶以解茶也

焙鑿地深二尺闊二尺五寸長一丈上作短牆高二尺泥之

貫削竹為之長二尺五寸以貫茶焙之

棚一曰棧以木構於焙上編木兩層高一尺以焙茶也

茶之半乾昇下棚全乾

穿音釗江東淮南剖竹為之巴川峽山紉穀皮為之江東以一斤為上穿半斤為中穿四兩五兩為小穿峽中以一百二十斤為上穿八十斤為中穿五十斤為小穿字

舊作釵釧之釧字或作貫串令則不然如磨扇彈鑽縫

五字文以平聲書之義以去聲呼之其字以穿名之

育以木制之以竹編之以紙糊之中有隔上有覆下有

牀傍有門掩一扇中置一器貯煻煨火令熅熅然江南

梅雨時焚之以火　育者以其
　　　　　　　藏養為名

　　三之造

凡採茶在二月三月四月之間茶之筍者生爛石沃土

長四五寸若薇蕨始抽凌露採焉茶之牙者發於叢薄

之上有三枝四枝五枝者選其中枝頴拔者採焉其日

有雨不採晴有雲不採晴採之蒸之擣之拍之焙之穿

之封之茶之乾矣茶有千萬狀鹵莽而言如胡人鞾者

蹙縮然 京錐
文也 封牛臆者廉襜然 浮雲出山者輪囷然輕

飈拂水者涵澹然有如陶家之子羅膏土以水澄泚之

謂澄 又如新治地者遇暴雨流潦之所經此皆茶之精
泚此

腴有如竹籜者枝幹堅實艱於蒸擣故其形籭簁然 上

師 下
有如霜荷者莖葉凋沮易其狀貌故厥狀委萃然此

皆茶之瘠老者也自採至于封七經目自胡靴至于霜

荷八等或以光黑平正言嘉者斯鑒之下也以壓黄坳

埭言佳者鑒之次也若皆言嘉及皆言不嘉者鑒之上

也何者出膏者光含膏者皺宿製者則黑日成者則黄

蒸壓則平正縱之則坳埭此茶與草木葉一也茶之否

藏存於口訣

茶經卷上

茶經卷中

　　　　　　　　　　　唐　陸羽　撰

四之器

風爐灰承　　筥　　炭檛　　鍑

交牀　　夾　　紙囊　　碾拂末

羅合　　則　　水方　　漉水囊

瓢　　竹筴　　醾簋楬　　熟盂

風爐　灰承

盌　畚　札

巾　具列　滌方

都籃

風爐以銅鐵鑄之如古鼎形厚三分緣闊九分令

六分虛中致其杇墁凡三足古文書二十一字一

足云坎上巽下離于中一足云體均五行去百疾

一足云聖唐滅胡明年鑄其三足之間設三窻底

一窻以為通飆漏燼之所上並古文書六字一窻

之上書伊公二字一窻之上書羹陸二字一窻之

上書氏茶二字所謂伊公羹陸氏茶也置墆堁於

其內設三格其一格有翟焉翟者火禽也畫一卦

曰離其一格有彪焉彪者風獸也畫一卦曰巽其

一格有魚焉魚者水蟲也畫一卦曰坎巽主風離

主火坎主水風能興火火能熟水故備其三卦焉

其飾以連葩垂蔓曲水方文之類其爐或鍛鐵為

之或運泥為之其灰承作三足鐵柈檯之

筥

筥以竹織之高一尺二寸徑闊七寸或用藤作木

楦如筥形織之六出固眼其底蓋若利篋口鑠之

炭檛

炭檛以鐵六稜制之長一尺銳一豐中執細頭系

一小鋃以飾檛也若今之河隴軍人木吾也或作

鎚或作斧隨其便也

火筴

火筴一名筯若常用者圓直一尺三寸頂平截無

葱臺勾鏁之屬以鐵或熟銅製之

鍑
音輔或作
釜或作鬴

鍑以生鐵為之今人有業冶者所謂急鐵其鐵以

耕刀之趄鍊而鑄之內摸土而外摸沙土滑於內

易其摩滌沙澀於外吸其炎焰方其耳以正令也

廣其緣以務遠也長其臍以守中也臍長則沸中

沸中則末易揚末易揚則其味淳也洪州以瓷為

茶經

三

之萊州以石為之瓷與石皆雅器也性非堅實難

可持久用銀為之至潔但涉於侈麗雅則雅矣潔

亦潔矣若用之恒而卒歸於銀也

交牀

交牀以十字交之剜中令虛以支鍑也

夾

夾以小青竹為之長一尺二寸令一寸有節節已

上剖之以炙茶也彼竹之篠津潤于火假其香潔

以益茶味恐非林谷間莫之致或用精鐵熟銅之

類取其久

紙囊

紙囊以剡藤紙白厚者夾縫之以貯所炙茶使不

泄其香也

碾 拂末

碾以橘木為之次以梨桑桐木為之内圓而外方

内圓備於運行也外方制其傾危也内容墮而外

無餘木墮形如車輪不輻而軸焉長九寸濶一寸

七分墮徑三寸八分中厚一寸邊厚半寸軸中方

而執圓其拂末以鳥羽製之

羅合

羅末以合蓋貯之以則置合中用巨竹剖而屈之

以紗絹衣之其合以竹節為之或屈杉以漆之高

三寸蓋一寸底二寸口徑四寸

則

則以海貝蠣蛤之屬或以銅鐵竹匕策之類則者

量也準也度也凡煮水一升用末方寸匕若好薄

者減之嗜濃者增之故云則也

水方

水方以椆木槐楸梓等合之其裏并外縫漆之受

一斗

漉水囊

漉水囊若常用者其格以生銅鑄之以備水濕無

有苔穢腥澀意以熟銅苔穢鐵腥澀也林栖谷隱

者或用以竹木木與竹非持久涉遠之具故用之

生銅其囊織青竹以捲之裁碧縑以縫之細翠鈿

以綴之又作綠油囊以貯之圓徑五寸柄一寸五

瓢

　　分

瓢一曰犧杓剖瓠為之或刊木為之晉舍人杜毓

荈賦云酌之以匏匏瓢也口闊脛薄柄短永嘉中

餘姚人虞洪入瀑布山採茗遇一道士云吾丹丘

子祈子他日甌犧之餘乞相遺也犧木杓也今常

用以梨木為之

竹筴

竹筴或以桃柳蒲葵木為之或以柿心木為之長

一尺銀裹兩頭

醋簋

醋簋以瓷為之圓徑四寸若合形或瓶或罍貯鹽

花也其撥竹制長四寸一分闊九分撥策也

熟盂

熟盂以貯熟水或瓷或沙受二升

盌

盌越州上鼎州次婺州次岳州次壽州洪州次或
者以邢州處越州上殊為不然若邢瓷類銀越瓷
類玉邢不如越一也若邢瓷類雪則越瓷類冰邢
不如越二也邢瓷白而茶色丹越瓷青而茶色綠

邢不如越三也晉杜毓荈賦所謂器擇陶揀出自

東甌甌越也甌越州上口唇不卷底卷而淺受半

升已下越州瓷岳瓷皆青青則益茶茶作白紅之

色邢州瓷白茶色紅壽州瓷黃茶色紫洪州瓷褐

茶色黑悉不宜茶

畚

畚以白蒲捲而編之可貯盌十枚或用筥其紙帊

以剡紙夾縫令方亦十之也

札

札緝栟櫚皮以筞箆木夾而縛之或截竹束而管

之若巨筆形

滌方

滌方以貯滌洗之餘用楸木合之制如水方受八

升

渾方

渾方以集諸滓製如滌方處五升

巾

巾以絁布為之長二尺作二枚互用之以潔諸器

具列

具列或作牀或作架或純木純竹而製之或木法
竹黃黑可用而漆者長三尺濶二尺高六寸其列
者悉欲諸器物悉以陳列也

都籃

都籃以悉設諸器而名之以竹篾內作三角方眼

外以雙篾闊者經之以單篾纖者縛之遞壓雙經

作方眼使玲瓏高一尺五寸底闊一尺高二寸長

二尺四寸闊二尺

茶經卷中

茶經卷下

唐　陸羽　撰

五之煮

凡炙茶慎勿於風爐間炙熛焰如鑽使炎涼不均持以

逼火屢其 正候炮_{普教}出培塿狀蝦蟇背然後去火

五寸卷而舒則本其始又炙之若火乾者以氣熟止日

乾者以柔止其始若茶之至嫩者蒸罷熱搗葉爛而牙

笋存焉假以力者持千鈞杵亦不之爛如漆科珠壯士

接之不能駐其指及就則似無穰骨也炙之則其節若

倪倪如嬰兒之臂耳既而承熱用紙囊貯之精華之氣

無所散越候寒末之 末之上者其屑如細米 其火用炭
末之下者其屑如菱角

次用勁薪 槤謂桑槐桐 其炭曾經燔炙為膻膩所及膏
槤之類也

木敗器不用之 膏木謂柏桂檜也 古人有勞薪之味信
敗器謂朽廢物也

哉其水用山水上江水中井水下 舜賦所謂水則岷 方之注揖彼清流其

山水揀乳泉石池慢流者上其瀑湧湍漱勿食之久食

令人有頸疾又多別流於山谷者澄浸不洩自火天至

霜郊以前或潛龍蓄毒於其間飲者可決之以流其惡

使新泉涓涓然酌之其江水取去人遠者井取汲多者

其沸如魚目微有聲為一沸緣邊如湧泉連珠為二沸

騰波鼓浪為三沸已上水老不可食也初沸則水合量

調之以鹽味謂棄其啜餘<small>啜嘗也市稅反又市悦反</small>無迺䐃鹽而鍾

其一味乎<small>上古暫反下吐濫反無味也</small>第二沸出水一瓢以竹夾環

激湯心則量未嘗中心而下有頃勢若奔濤濺沫以所

39

出水止之而育其華也凡酌置諸盌令沫餑均 字書并本草餑

均茗沫也 沫餑湯之華也華之薄者曰沫厚者曰餑細 蒲笏反

輕者曰花如棗花漂漂然於環池之上又如迴潭曲渚

青萍之始生又如晴天爽朗有浮雲鱗然其沫者若綠

錢浮於水渭又如菊英墮於樽俎之中餑者以滓煮之

及沸則重華累沫皤皤然若積雪耳荈賦所謂煥如積

雪燦若春蕽有之第一煮水沸而棄其沫之上有水膜

如黑雲母飲之則其味不正其第一者為儁永 徐縣全縣二反

至美者西雋永雋永味也永長也味長

曰雋永漢書蒯通著雋永二十篇也或留熟以貯之以

備育華救沸之用其第一與第二第三盌次之第四第

五盌外非渴甚莫之飲凡煮水一升酌五分盌盌數少

至五若人多至十加兩爐乘熱連飲之以重濁凝其下精英浮其上

如冷則精英隨氣而竭飲啜不消亦然矣茶性儉不宜

廣則其味黯澹且如一滿盌啜半而味寡況其廣乎其

色緗也其馨欸也欸音使其味甘檟也不甘而苦荈

也啜苦咽甘茶也香至美曰

一本云其味苦而不甘

檟也甘而不苦荈也

六之飲

翼而飛毛而走去而言此三者俱生於天地間飲啄以

活飲之時義遠矣哉至若救渴飲之以漿蠲憂忿飲之

以酒蕩昏寐飲之以茶茶之為飲發乎神農氏聞於魯

周公齊有晏嬰漢有揚雄司馬相如吳有韋曜晉有劉

琨張載遠祖納謝安左思之徒皆飲焉滂時浸俗盛於

國朝兩都并荆俞間以為比屋之飲飲有觕茶散茶末

茶餅茶者乃煮乃煬乃煬乃舂貯於瓶缶之中以湯沃

焉謂之瘥茶或用葱薑棗橘皮茱萸薄荷之等煮之百

沸或揚令滑或煮去沫斯溝渠間棄水耳而習俗不已

於戲天育萬物皆有至妙人之所工但獵淺易所庇者

屋屋精極所著者衣衣精極所飽者飲食食與酒皆精

極之茶有九難一曰造二曰別三曰器四曰火五曰水

六曰炙七曰末八曰煮九曰飲陰採夜焙非造也嚼味

嗅香非別也膻鼎腥甌非器也膏薪庖炭非火也飛湍

壅潦非水也外熟内生非炙也碧粉縹塵非末也操艱

攪遽非煮也夏興冬廢非飲也夫珍鮮馥烈者其盌數

三次之者盌數五若坐客數至五行三盌至七行五盌

若六人已下不約盌數但闕一人而已其雋永補所闕

人

七之事

三皇炎帝神農氏周魯周公旦齊相晏嬰漢仙人丹丘

子黃山君司馬文園令相如揚執戟雄吳歸命侯韋太

傅弘嗣晉惠帝劉司空琨琨兄子兗州刺史演張黃門

孟阳傅司隷咸江洗马充孙参军楚左記室太冲陸吳

興納納兄子會稽内史俶謝冠軍安石郭弘農璞桓揚

州温杜舍人毓武康小山寺釋法瑤沛國夏侯愷餘姚

虞洪北地傅巽丹陽弘君舉安任育宣城秦精燉煌單

道開剡縣陳務妻廣陵老姥河内山謙之後魏瑯琊王

蕭宋新安王子鸞鸞弟豫章王子尚鮑昭妹令暉八公

山沙門譚濟齊世祖武帝梁劉建尉陶先生弘景皇朝

徐英公勣

神農食經茶茗夂服令人有力悅志

周公爾雅檟苦茶廣雅云荆巴間採葉作餅葉老者餅

成以米膏出之欲煮茗飲先炙令赤色搗末置瓷器中

以湯澆覆之用葱薑橘子芼之其飲醒酒令人不眠

晏子春秋嬰相齊景公時食脫粟之飯炙三戈五卯茗

茶而已

司馬相如凡將篇烏喙桔梗芫華款冬貝母木蘗蔞芩

草芍藥桂漏蘆蜚廉藋菌荈詫白斂白芷菖蒲芒消莞

椒莱萸

方言蜀西南人謂茶曰蔎

吳志韋曜傳孫皓每饗宴坐席無不率以七升為限雖

不盡入口皆澆灌取盡曜飲酒不過二升皓初禮異密

賜茶荈以代酒

晋中興書陸納為吳興太守時衛將軍謝安常欲詣納

晋書云納為
吏部尚書

納兄子俶怪納無所備不敢問之乃私蓄

十數人饌安既至所設唯茶果而已俶遂陳盛饌珍羞

畢員及安去納杖俯四十云汝既不能光益叔父柰何

穢吾素業

晉書桓溫為揚州牧性儉每讌飲唯下七奠柈茶果而

已

搜神記夏侯愷因疾死宗人字苟奴察見鬼神見愷來

收馬并與其妻著平時布單衣入坐生時西壁大牀就

人覓茶飲

劉琨與兄子南兖州刺史演書云前得安州乾薑一斤

桂一斤黃芩一斤皆所須也吾體中潰悶常仰真茶汝

可置之

傅咸司隸教曰聞南方有以困蜀嫗作茶粥賣為廉事

打破其器具者又賣餅於市而禁茶粥以蜀姥何哉

神異記餘姚人虞洪入山採茗遇一道士牽三青牛引

洪至瀑布山曰吾丹丘子也聞子善具飲常思見惠山

中有大茗可以相給祈子他日有甌犧之餘乞相遺也

因立奠祀後常令家人入山獲大茗焉

左思嬌女詩吾家有嬌女皎皎頗白皙小字為紈素口

齒自清歷有姊字惠芳眉目粲如畫馳騖翔園林果下

眥生摘貪華風雨中倏忽數百適心為茶荈劇吹噓對

鼎鑪

張孟陽登成都樓詩云借問揚子舍想見長卿廬程卓

累千金驕侈擬五侯門有連騎客翠帶腰吳鈎鼎食隨

時進百和妙且殊披林採秋橘臨江釣春魚黑子過龍

醢果饌踰蟹蝑芳茶冠六情溢味播九區入生苟安樂

茲土聊可娛

傅巽七誨蒲桃宛柰齊柿燕栗峘陽黃梨巫山朱橘南

中荼子西極石蜜

弘君舉食檄寒溫既畢應下霜華之茗三爵而終應下

諸蔗木瓜元李楊梅五味橄欖懸豹葵羹各一杯

孫楚歌茱萸出芳樹顛鯉魚出洛水泉白鹽出河東美豉

出魯淵薑桂荼荈出巴蜀椒橘木蘭出高山蓼蘇出溝渠

精稗出中田

華佗食論苦茶久食益意思

壺居士食忌苦茶久食羽化與韮同食令人體重郭璞

爾雅注云樹小似梔子冬生葉可煮羹飲今呼早取為

茶晚取為茗或一曰荈蜀人名之苦茶

世說任瞻字育長少時有令名自過江失志既下飲問

人云此為茶為茗覺人有怪色乃自分明云向問飲為

熱為冷

續搜神記晉武帝宣城人秦精常入武昌山採茗遇一

52

毛人長丈餘引精至山下示以茶茗而去俄而復還乃

探懷中橘以遺精精怖負茗而歸

晉四王起事惠帝蒙塵還洛陽黃門以瓦盂盛茶上至

尊

異苑剡縣陳務妻少與二子寡居好飲茶茗以宅中有

古塚每飲輒先祀之二子患之曰古塚何知徒以勞意

欲掘去之母苦禁而止其夜夢一人云吾止此塚三百

餘年卿二子恒欲見毀賴相保護又享吾佳茗雖潛壤

朽骨豈忘醫桑之報及曉於庭中獲錢十萬似久埋者

但貫新耳毋告二子慙之從是禱饋愈甚

廣陵者老傳晉元帝時有老姥每旦獨提一器茗往市

鬻之市人競買自旦至夕其器不減所得錢散路傍孤

貧乞人人咸異之州法曹縶之獄中至夜老姥執所鬻

茗器從獄牖中飛出

藝術傳燉煌人單道開不畏寒暑常服小石子所服藥

有松桂蜜之氣所餘茶蘇而已釋道該說續名僧傳宋

釋法瑤姓楊氏河東人永嘉中過江遇沈臺真言君在

武康小山寺年垂懸車飯所飲茶永明中勅吳興禮致

上京年七十九

宋江氏家傳江統以應遷愍懷太子洗馬常上疏諫云

今西園賣醯麪藍子菜茶之屬虧敗國體

宋錄新安王子鸞豫章王子尚詣曇濟道人於八公山

道人設茶茗子尚味之曰此甘露也何言茶茗

王微雜詩寂寂掩高閣寥寥空廣廈待君竟不歸收領

今就檟

鮑昭妹令暉著香茗賦

南齊世祖武皇帝遺詔我靈座上慎勿以牲為祭但設

餅果茶飲乾飯酒脯而已

梁劉孝綽謝晉安王餉米等啓傳詔李孟孫宣教旨垂

賜米酒瓜筍菹脯酢茗八種氣苾新城味芳雲松江潭

抽節邁昌荇之珍壇場擢翹越葺精之美羞非純束野

麕裏似雪之驢鮓異陶瓶河鯉操如瓊之粲茗同食粲

56

酢顏望楫免千里宿舂省三月種聚小人懷惠大懿難忘

陶弘景雜録苦茶輕身換骨昔丹丘子黃山君常服之

後魏録瑯瑯王蕭仕南朝好茗飲尊羹及還北地又好

羊肉酪漿人或問之茗何如酪蕭曰茗不堪與酪為奴

桐君録西陽武昌廬江昔陵好茗皆東人作清茗茗有

餑飲之宜人凡可飲之物皆多取其葉天門冬扶揳取

根皆益人又巴東別有真茗茶煎飲令人不眠俗中多

煮檟葉并大皂李作茶並冷又南方有瓜蘆木亦似茗

至苦澀取為屑茶飲亦可通夜不眠煮鹽人但資此飲

而交廣最重容來先設乃加以香芼輩坤元錄辰州溆

浦縣西北三百五十里無射山云蠻俗當吉慶之時親

族集會歌舞於山上山多茶樹

括地圖臨遂縣東一百四十里有茶溪

山謙之吳興記烏程縣西二十里有溫山出御荈

夷陵圖經黃牛荆門女觀望州等山茶茗出焉

永嘉圖經永嘉縣東三百里有白茶山

淮陰圖經山陽縣南二十里有茶坡

茶陵圖經云茶陵者所謂陵谷生茶茗焉本草木部茗

苦茶味甘苦微寒無毒主療瘡利小便去痰渴熱令人

少睡秋採之苦主下氣消食注云春採之

本草菜部苦茶一名茶一名選一名游冬生益州川谷

山陵道傍凌冬不死三月三日採乾注云疑此即是令

茶一名茶令人不眠本草注按詩云誰謂茶苦又云堇

茶如飴皆苦菜也陶謂之苦茶木類非菜流茗春採謂

之苦榛反_{途遜}

枕中方療積年瘻苦茶蜈蚣並炙令香熟等分擣篩煮

甘草湯洗以末傅之

獨了方療小兒無故驚蹶以苦茶葱鬚煮服之

八之出

山南以峽州上_{峽州生遠安宜都}

夷陵三縣山谷 襄州荆州次^{襄州生}_{南鄭縣}

山谷荆州生^{金州}_{生西} 金州梁州又下^{金州生}

江陵縣山谷 衡州下^{生衡山茶陵}_{二縣山谷}

城安康二縣山谷梁州 淮南以光州上^{生光}_{山縣黃頭}

生襄城金牛二縣山谷 港者與峽州同

義陽郡舒州次生義陽縣鍾山者與襄州同舒州生太湖縣潛山者與荊州同

壽州下咸唐縣生霍山者與衡山同也

蘄州黃州又下蘄州生黃梅縣山谷黃州生麻城縣山谷並與荊州梁州同也

浙西以湖州上湖州生長城縣顧渚山谷與峽州光州同生山桑儒師二寺白茅山懸腳嶺與襄州荊南義陽郡同生鳳亭山伏翼閣飛雲曲水二寺啄木嶺與壽州常州同生安吉武康二縣山谷與金州梁州同

常州次常州義興縣生君山懸腳嶺北峰下與荊州義陽郡同生圈嶺善權寺石亭山與舒州同

宣州杭州睦州歙州下宣州生宣城縣雅山與蘄州同太平縣生上睦臨睦與黃州同杭州臨安於潛二縣生天目山與舒州同錢塘生天竺靈隱二寺睦州生桐廬縣山谷歙州生婺源山谷與衡州同

潤州蘇州又下潤州江寧縣生傲山蘇州長洲縣生洞庭山與金州蘄州

茶經

十三

劔南以彭州上（生九隴縣馬鞍山至德寺棚口與襄州同）綿州蜀州同（綿州龍安縣生松嶺關與荊州同其西昌昌明神泉縣西山者並佳有過松嶺者不堪採蜀州青城縣生丈人山與綿州同青城縣有散茶木茶）

邛州次雅州瀘州下（雅州百丈山名山瀘州瀘川者與金州同也）眉州漢州又下（眉州丹棱縣生鐵山者漢州綿竹縣生竹山者與潤州同）

浙東以越州上（餘姚縣生瀑布泉嶺曰仙茗大者殊異小者與襄州同）明州婺州次（明州鄮縣生榆莢村婺州東陽縣東白山與荊州同）台州下（台州始豐縣生赤城者與歙州同）

黔中生恩州播州費州夷州 江南生鄂州袁州吉州 嶺南生福州建州韶州象州（福州生閩方山之陰縣也）

其恩播費夷鄂袁吉福建泉韶象十一州未詳往往得

之其味極佳

九之畧

其造法若方春禁火之時於野寺山園叢手而掇乃蒸

乃舂乃焙以火乾之則又棨撲焙貫棚穿育等七事皆

廢其煮器若松間石上可坐則具列廢用槁薪鼎櫪之

屬則風爐灰承炭檛火筴交牀等廢若瞰泉臨澗則水

方滌方漉水囊廢若五人已下茶可末而精者則羅廢

若援藟躋嵒引絙入洞於山口炙而末之或紙包合貯

則碾拂末等廢既瓢碗筴札熟盂醋簋悉以一筥盛之

則都籃廢但城邑之中王公之門二十四器闕一則茶

廢矣

十之圖

以絹素或四幅或六幅分布寫之陳諸座隅則茶之源

之具之造之器之煮之飲之事之出之畧目擊而存於

是茶經之始終備焉

茶經

十五

茶經卷下

續茶經　　　　譜錄類飲饌之屬

提要

臣等謹案續茶經三卷附錄一卷

國朝陸廷燦撰廷燦字秩昭嘉定人官崇安縣

知縣候補主事自唐以來茶品推武夷武夷

山即在崇安境故廷燦官是縣時習知其說

矧為此彙歸田後訂緝成編冠以陸羽茶經

原本而從其原目採摭諸書以續之上卷續

其一之源二之具三之造中卷續其四之器

下卷自分三子卷下之上續其五之煮六之

飲下之中續其七之事八之出下之下續其

九之畧十之圖而以歷代煎茶法附為末卷則

原目所無廷燦補之也自唐以來閱數百載

凡產茶之地製茶之法業已歷代不同即烹

煮器具亦古今多異故陸羽所述其書雖古

而其法多不可行于今廷燦一一訂定補葺

頗切實用其徵引亦頗繁富觀所作南村筆

記引李日華紫桃軒又綴五臺凍泉一條自

稱此書失載補錄於彼則其搜葺亦可謂勤

矣錄而存之亦足以資考訂至于陸羽舊本

廷燦雖用以弁首而其書久已別行未可以

續補之書掩其原目故今刊去不載惟錄廷

燦之書焉乾隆四十九年八月恭校上

提要

總纂官臣紀昀臣陸錫熊臣孫士毅

總校官臣陸費墀

續茶經卷上之一

　　　　候補主事陸廷燦撰

一之源

許慎說文茗茶芽也

王褒僮約前云烹茶後云陽武買茶注前為苦菜後為茗

張華博物志飲真茶令人少眠

詩疏椒樹似茱萸蜀人作茶吳人作茗皆合煮其葉以

為香

唐書陸羽傳羽嗜茶著經三篇言茶之源之具之造之

器之煮之飲之事之出之略之圖尤備天下益知飲茶

矣

唐六典 金英綠片皆茶名也

李太白集贈族姪僧中孚玉泉仙人掌茶序余聞荊州

玉泉寺近青溪諸山山洞往往有乳窟窟多玉泉交流

中有白蝙蝠大如鴉按仙經蝙蝠一名仙鼠千歲之後

體白如雪栖則倒懸盞飲乳水而長生也其水邊處處

有茗草羅生枝葉如碧玉維玉泉真公常採而飲之年

八十餘歲顏色如桃花而此茗清香滑熟異於他茗所

以能還童振枯扶人壽也余遊金陵見宗僧中孚示余

茶數十片拳然重疊其狀如掌號為仙人掌茶蓋新出

乎玉泉之山曠古未覿因持之見貽兼贈詩要余答之

遂有此作俾後之高僧大隱知仙人掌茶發於中孚禪

子及青蓮居士李白也

皮日休集茶中雜咏詩序自周以降及於國朝茶事竟

陵子陸季疵言之詳矣然季疵以前稱名飲者必渾以

烹之與夫瀹蔬而啜者無異也季疵之始為經三卷由

是分其源制其具教其造設其器命其煮畜俾飲之者除

痟而去癘雖疾醫之不若也其為利也於人豈小哉余

始得季疵書以為備矣後又獲其顧渚山記二篇其中

多殺事後又太原溫從雲武威段碣之各補茶事十數

節並存於方冊茶之事由周而至於今竟無纖遺矣

封氏聞見記 茶南人好飲之北人初不多飲開元中太

山靈巖寺有降魔師大興禪教學禪務於不寐又不夕

食皆許飲茶人自懷挾到處煮飲從此轉相倣傚遂成

風俗起自鄒齊滄棣漸至京邑城市多開店舖煎茶賣

之不問道俗投錢取飲其茶自江淮而來色額甚多

唐韻 茶字自中唐始變作茶

裴汶茶述 茶起於東晉盛於今朝其性精清其味浩潔

其用滌煩其功致和參百品而不混越眾飲而獨高烹

之鼎水和以虎形人人服之永永不厭得之則安不得

則病彼芝术黄精徒云上藥致效在數十年後且多禁

忌非此倫也或曰多飲令人體虛病風余曰不然夫物

能去邪必能輔正安有蠲逐聚病而靡裨太和哉令字

内為土貢實眾而顧渚蘄陽蒙山為上其次則壽陽義

興碧澗湖衡山最下有鄱陽浮梁者今其精無以尚

為得其麄者則下里兆庶甌盆粉糅頃刻未得則謂甫

病生矣人嗜之若此者西晉以前無聞焉至精之味或

遺也因作茶述

宋徽宗大觀茶論

茶之為物擅甌閩之秀氣鍾山川之
靈稟祛襟滌滯致清導和則非庸人孺子可得而知矣
沖澹間潔韻高致靜則非遑遽之時可得而好尚矣本
朝之興歲修建溪之貢龍團鳳餅名冠天下而壑源之
品亦自此而盛延及於今百廢具舉海內宴然垂拱密
勿幸致無為搢紳之士韋布之流沐浴膏澤薰陶德化
咸以雅尚相推從事茗飲故近歲以來采擇之精製作

之工品第之勝烹點之妙莫不盛造其極嗚呼至治之

世豈惟人得以盡其材而草木之靈者亦得以盡其用

偶因暇日研究精微所得之妙後人有不知為利害者

叙本末二十篇號曰茶論 一曰地產 二曰天時 三曰

採擇 四曰蒸壓 五曰製造 六曰鑒別 七曰白茶 八曰羅

碾 九曰盞 十曰筅 十一曰瓶 十二曰杓 十三曰水 十四

曰點 十五曰味 十六曰香 十七曰色 十八曰藏焙 十九

曰品名 二十曰外焙

名茶各以所產之地某如耕之平園台星巖某剛之高
峯青鳳髓某思純之大嵐某嶼之屑山某五崇林之羅
漢上水桑芽某堅之碎石窠石凹窠一作某瓊某輝之
六窠
秀皮林某師復師覩之虎巖某椿之無又巖芽某戀之
老窠園各擅其美未嘗混淆不可概舉焙人之茶固有
前優後劣昔貢今勝者是以園地之不常也
丁謂進茶新表石件物產異金沙石名非紫筍江邊地
煖方呈彼茁之形闕下春寒已發其甘之味有以少為

貴者焉敢韞而藏諸見謂新茶實遵舊例

蔡襄進茶錄表 臣前因奏事伏蒙陛下諭臣先任福建

運使日所進上品龍茶最為精好臣退念草木之微首

辱陛下知鑒若處之得地則能盡其材昔陸羽茶經不

第建安之品丁謂茶圖獨論採造之本至烹煎之法曾

未有聞臣輒條數事簡而易明勒成二篇名曰茶錄伏

惟清閒之宴或賜觀採臣不勝榮幸

歐陽修歸田錄 茶之品莫貴於龍鳳謂之茶團凡八餅

重一觔慶歷中蔡君謨始造小斤龍茶以進其品精絕

謂之小團凡二十餅重一觔其價值金二兩然金可有

而茶不可得每因南郊致齋中書樞密院各賜一餅四

人分之宮人往往縷金花於其上蓋其貴重如此

趙汝礪北苑別錄草木至夜蓋盛故欲導生長之氣以

糝雨露之澤茶於每歲六月興工虛具本培其末滋蔓

之草過鬱之木悉用除之政所以導生長之氣而滲雨

露之澤也此之謂開畬唯桐木則留焉桐木之性與茶

同故也

續茶經

六

相宜而人茶至冬則畏寒桐木望秋而先落茶至夏而

畏日桐木至春而漸茂理亦然也

王觀之湎水燕談　建茶盛於江南近歲制作尤精龍團

最為上品一觔八餅慶歷中蔡君謨為福建運使始造

小團以充歲貢一觔二十餅所謂上品龍茶者也仁宗

尤所珍惜雖宰相未嘗輒賜惟郊禮致齋之夕兩府各

四人共賜一餅宮人剪金為龍鳳花貼其上八人分嘗

之以為奇玩不敢自試有佳客出為傳玩歐陽文忠公

云茶为物之至精而小团又其精者也嘉祐中小团初

出时也今小团易得何至如此之贵

周辉清波杂志自熙宁后始贡密云龙每岁头纲修贡

奉宗庙及供玉食外赉及臣下无几戚里贵近丐赐尤

繁宣仁太后令建州不许造密云龙受他人煎炒不得

也此语既传播于搢绅间由是密云龙之名益著淳熙

间亲党许仲启官苏沙得北苑修贡录序以刊得其间

载岁贡十有二纲凡三等四十有一名第一纲曰龙焙

83

貢新止五十餘胯貴重如此獨無所謂密雲龍者豈以

貢新易其名耶抑或別為一種又居密雲龍之上耶

沈存中夢溪筆談古人論茶唯言陽羨顧渚天柱蒙頂

之類都未言建溪然唐人重串茶粘墨者則已近乎餅

矣建茶皆喬木吳蜀唯叢茇而已品自居下建茶勝處

曰郝源曾坑其間又有坙根山頂二品尤勝李氏號為

北苑置使領之

胡仔苕溪漁隱叢話　建安北苑始於太宗太平興國三

年遣使造之取象於龍鳳以別入貢至道間仍添造石

乳蠟面其後大小龍又起於丁謂而成於蔡君謨至宣

政間鄭可簡以貢茶進用久領漕添續入具數浸廣今

猶因之細色茶五綱凡四十三品形製各異共七千餘

餅其間貢新試新龍團勝雪白茶御苑玉芽此五品乃

水揀為第一餘乃生揀次之又有麄色茶七綱凡五品

大小龍鳳并揀芽悉入龍腦和膏為團餅茶共四萬餘

餅蓋水揀茶即社前者生揀茶即火前者麄色茶即雨

（側書）欽定四庫全書　續茶經　八

前者閩中地暖雨前茶已老而味加重矣又有石門乳

吉香口三外焙亦隸於北苑皆採摘茶芽送官焙添造

每歲糜金共三萬餘緡日役千夫凡兩月方能迄事第

所造之茶不許過數入貢之後市無貨者人罕有得惟

壑源諸處私焙茶其絕品亦可敵官焙自昔至今亦皆

入貢其流販四方者悉私焙茶耳

北苑在富沙之北隸建安縣去城二十五里乃龍焙造

貢茶之處亦名鳳皇山自有一溪南流至富沙城下方

與西來水合而東

車清臣腳氣集毛詩云誰謂荼苦其甘如薺注荼苦菜

也周禮掌荼以供喪事取其苦也蘇東坡詩云周詩記

苦茶茗飲出近世乃以今之茶為荼夫茶今人以清頭目

自唐以來上下好之細民亦日數椀豈是荼也茶之麗

者是為茗

宋子安東溪試茶錄序茶宜高山之陰而喜日陽之早

自北苑至鳳山南直苦竹園頭東南屬張坑頭皆高遠

先陽處歲發常早芽極肥乳非民間所比次出壑源嶺

高土沃地茶味甲於諸焙丁謂亦云鳳山高不百丈無

危峯絕巘西岡翠環抱氣勢柔秀宜乎嘉植靈卉之所

發也又以建安茶品甲天下疑山川至靈之卉天地始

和之氣盡此茶美又論石乳出壑嶺斷崖缺石之間蓋

草木之仙骨也近蔡公亦云惟北苑鳳凰山連屬諸焙

所產者味佳故四方以建茶為目皆曰北苑云

黃儒品茶要錄序說者嘗謂陸羽茶經不第建安之品

蓋前此茶事未甚興靈芽真笋往往委翳消腐而人不

知惜自國初以來士大夫沐浴膏澤詠歌昇平之日久

矣夫身世瀰落神觀沖澹惟兹茗飲為可喜園林亦相

與摘英誇異制様鬬新以趨時之好故殊異之品始得

自出于榛莽之間而其名逐冠天下借使陸羽復起閱

其金餅味其雲腴當爽然自失矣因念草木之材一有

自瓌偉絶特者未甞不遇時而後興況於人乎

蘇軾書黄道輔品茶要録後 黄君道輔諱儒建安人博

學能文淡然精深有道之士也作品茶要錄十篇委曲

微抄皆陸鴻漸以來論茶者所未及非至靜無求虛中

不留烏能察物之情如此其詳哉

茶錄茶古不聞食自晉宋已降吳人採葉賣之名為茗

粥

華清臣煮茶泉品　吳楚山谷間氣清地靈草木穎挺多

孕茶荈大率右於武夷者為白乳甲於吳興者為紫筍

産禹穴者以天章顯茂錢塘者以徑山稀至於續廬之

嚴雲衢之麓雅山著於宣歙蒙頂傳於岷蜀角立差勝

毛舉實繁

周絳補茶經 芽茶只作早茶馳奉萬乘嘗之可矣如一

旗一槍可謂奇茶也

胡致堂曰 茶者生人之所日用也其急甚於酒

陳師道後山叢談 茶洪之雙井越之日注莫能相先後

而強為之第者皆勝心耳

陳師道茶經序 夫茶之著書自羽始其用於世亦自羽始

羽誠有功於茶者也上自宮省下逮邑里外及遐陬僻

壤賓祀燕享預陳於前山澤以成市商賈以起家又有

功於人者也可謂智矣經曰茶之否藏存之口訣則書

所載猶其粗也夫茶之為藝下矣至其精微書有不盡況

天下之至理而欲求之文字紙墨之間其有得乎昔者

先王因人而教同欲而治凡有益於人者皆不廢也

吳淑茶賦　注五花茶者其片作五出花也

姚氏殘語　紹興進茶自高文虎始

王楙野客叢書世謂古之荼即今之茶不知荼有數種
非一端也詩曰誰謂荼苦其甘如薺者乃苦菜之荼如
今苣菜之類周禮掌荼毛詩有女如荼者乃茗茶之茶
也正崔蔁之屬惟荼檟之茶乃今之茶也世莫知辨
魏王花木志茶葉似梔可煮為飲其老葉謂之荈嫩葉
謂之茗

瑞草總論唐宋以來有貢茶有榷茶天貢茶猶知斯人
有愛君之心若夫榷茶則利歸於官擾及於民其為害

又不一端矣

元熊禾勿齋集北苑茶焙記貢古也茶貢不列禹貢周
職方而昉於唐北苑又其最著者也苑在建城東二十
五里唐末里民張暉始表而上之宋初丁謂漕閩貢額
驟至斤至數萬慶歷承平日久蔡公襄繼之制益精巧
建茶遂為天下最公名在四諫官列君子惜之歐陽公
修雖實不與然猶誇侈歌咏之蘇公軾則直指其過矣
君子創法可繼焉得不重慎也

說郭臆乘茶之所產六經載之詳矣獨異美之名未備

唐宋以來見於詩文者尤夥顏多疑似若蟾背蝦鬚雀

舌蟹眼瑟瑟瀝霏霏靄鼓浪湧泉琉璃眼碧玉池又皆

茶事中天然偶字也

茶譜衡州之衡山封州之西鄉茶研膏為之皆斤團如

月又彭州蒲村堋口其園有仙芽石花等號

明人月團茶歌序唐人製茶碾末以酥滫為團宋世尤

精元時其法遂絕予效而為之蓋得其似始悟古人詠

茶詩所謂膏油首面所謂佳茗似佳人所謂縁雲輕綰

湘娥鬟之句飲啜之餘因作詩記之并傳好事

屠本畯茗笈評人論茶棠之香未知茶花之香余往歲

過友大雷山中正值花開童子摘以為供幽香清越絶

自可人惜非甌中物耳乃予著餠史月表以插茗花為

齋中清玩而高濂盦史亦載茗花足助玄賞云

茗笈贊十六章一曰溯源二曰得地三曰乘時四曰揆

制五曰藏茗六曰品泉七曰候火八曰定湯九曰點瀹

十日辨器十一日申忌十二日防濫十三日戒渝十四

日相宜十五日衡鑒十六日玄賞

謝肇淛五雜組　今茶品之上者松蘿也虎邱也羅岕也

龍井也陽羨也天池也而吾閩武夷清源鼓山三種可

與角勝六安鴈宕蒙山三種祛滯有功而色香不稱當

是藥籠中物非文房佳品也

西吳枝乘湖人於茗不數顧渚而數羅岕然顧渚之佳

者其風味已遠出龍井下岕稍青儁然葉粗而草氣丁

長儒嘗以半角見餉且教余烹煎之法迥異之殊類羊

公鶴此余有解有未解也余嘗品茗以武夷虎邱第一

淡而遠也松蘿龍井次之香而艷也天池又次之常而

不厭也餘者瑣瑣勿置齒喙　謝肇淛

屠長卿考槃餘事虎邱茶最號精絕為天下冠惜不多

產皆為豪右所據寂寞山家無由獲購矣天池青翠芳

馨噭之賞心嗅亦消渴可稱仙品諸山之茶當為退舍

陽羨俗名羅岕浙之長興者佳荊溪稍下細者其價兩

倍天池惜乎難得須親自收采方妙六安品亦精入藥

最要但不善炒不能發香而味苦茶之本性實佳龍井

之山不過十數畝外此有茶皆似不及大抵天開龍泓

美泉山靈特生佳茗以副之耳山中僅有一二家炒法

甚精近有山僧焙者亦妙真者天池不能及也天目為

天池龍井之次亦佳品也地志云山中寒氣早嚴山僧

至九月即不敢出冬來多雪三月後方通行其萌芽較

他茶獨晚

包衡清賞錄晉人以陸羽飲茶比於后稷樹穀及觀韓

胡謝賜茶啟云吳主禮賢方聞置茗晉人愛客纔有分

茶則知開創之功非關桑苧老翁也若云在晉茶勳未

晉則比時賜茶已一千五百串矣

陳仁錫潛確類書紫琳腴雲腴皆茶名也

茗花白色冬開似梅亦清香 按冒巢民芥茶彙鈔云茶
花味濁無香香凝葉內二

說不同豈芥與
他茶獨異歟

農政全書六經中無茶茶即茶也毛詩云誰謂茶苦其

甘如薺以其苦而甘味也

夫茶靈草也種之則利博飲之則神清上而王公貴人

之所尚下而小夫賤隷之所不可闕誠民生食用之所

資國家課利之一助也

羅廩茶解 茶固不宜雜以惡木惟古梅叢桂辛夷玉蘭

玫瑰蒼松翠竹與之間植足以蔽覆霜雪掩映秋陽其

下可芳蘭幽菊清芬之品最忌柴畦相逼不免滲漉滓

厥清真

茶地南向為佳向陰者遂劣故一山之中美惡相懸

李日華六研齋筆記茶事於唐未未甚興不過幽人雅

士手擷荒園雜穢中掇其精英以屬靈爽所以饒雲露

自然之味至於宋設茗綱充天家玉食士大夫亞復貴

之民間服習寖廣以為不可缺之物於是營殖者擁溉

孳糞等於蔬薮而茶亦賁其品味矣人知鴻漸到處品

泉不知亦到處搜茶皇甫冉送羽攝山採茶詩數言僅

存公紫而已

徐巖泉六安州茶居士傳 居士姓茶族氏眾多枝葉繁

衍遍天下其在六安一枝最著為大宗陽羨羅岕武夷

匡廬之類皆小宗蒙山又其別枝也

樂思白雪庵清史 夫輕身換骨消渴滌煩茶舜之功至

妙至神昔在有唐吾閩茗事未興草木仙骨尚閟其靈

五代之季南唐採茶北苑而茗事興造宋至道初有詔

奉造而茶品日廣及咸平慶歷中丁謂蔡襄造茶進奉

而製作蓋精至徽宗大觀宣和間而茶品極矣斷崖缺

石之上木秀雲映往往於此露靈僅微丁蔡來自吾閩

則種種佳品不幾於委翳消腐哉雖然患無佳品耳其

品果佳即微丁蔡來自吾閩而靈芽真筍宣終於委翳

消腐乎吾閩之能輕身換骨消渴滌煩者寧獨一茶乎

茲將發其靈矣

馮時可茶譜茶全貴採造蘇州茶飲徧天下專以採造

勝耳徽郡向無茶近出松蘿最為時尚是茶始比邱大

方大方居虎邱最久得採造法其後於徽之松蘿結庵

採諸山茶於庵焙製遠邇爭市價忽翔湧人因稱松蘿

實非松蘿所出也

胡文煥茶集茶至清至美物也世皆不味之而食烟火

者又不足以語此醫家論茶性寒能傷人脾獨予有諸

疾則必藉茶為藥石每深得其功効噫非緣之有自而

何契之若是耶

羣芳譜蘄州蘄門團黃有一旗一槍之號言一葉一芽

也歐陽公詩有共約試新茶旗槍幾時緑之句王荊公

十七

送元厚之詩云新茗齋中試一旗世謂茶始生而嫩者

為一槍寢大而開者為一旗、

魯彭刻茶經序夫茶之為經要矣茲復刻者便覽爾刻

之竟陵者表羽之為竟陵人也按羽生甚異類令尹子

文人謂子文賢而仕羽雖賢卒以不仕今觀茶經三篇

固具體用之學者其曰伊公羹陸氏茶取而此之實以

自況所謂易地皆然者非歟厥後茗飲之風行於中外

而回紇亦以馬易茶由宋迄今大為邊助則羽之功固

在萬世仕不仕奚足論也

沈石田書岕茶別論後昔人詠梅花云香中別有韻清

極不知寒此惟岕茶足當之若閩之清源武夷吳郡之

天池虎邱武林之龍井新安之松蘿匡廬之雲霧具名

雖大噪不能與岕相抗也顧渚每歲貢茶三十二斤則

岕於國初已受知遇施于今漸遠漸傳漸覺聲價轉重

既得聖人之清又得聖人之時弟蒸采烹洗悉與古法

不同

李維楨茶經序羽所著君臣契三卷源解三十卷江表

四姓譜十卷占夢三卷不盡傳而獨傳茶經豈他書人

所時有此為觭長易於取名即太史公曰富貴而名磨

滅不可勝數惟俶儻非常之人稱為鴻漸窮阨終身而

遺書遺跡百世下寶愛之以為山川邑里重其風足以

廉頑立懦胡可少哉

楊慎丹鉛總錄茶即古荼字也周詩記荼苦春秋書齊

茶漢志荼荼陵顏師古陸德明雖已轉入茶音而未易

字文也至陸羽茶經玉川茶歌趙贊茶禁以後遂以茶

易茶

董其昌茶董題詞

荀子曰其為人也多暇其出入也不遠矣陶通明曰不為無益之事何以悅有涯之生余謂茗椀之事足當之蓋幽人高士蟬蛻勢利以耗壯心而送日月水源之輕重辨若淄澠火候之文武調若丹鼎非枕漱之侶不親非文字之飲不此者也當今此事惟許夏卿拈出顧渚陽羨肉食者往焉茂卿亦安能禁壹

似強笑不樂強顏無懽茶韻故自勝耳予風柬幽尚入

山十年差可不愧茂卿語今者驅車入閩念鳳團龍餅

延津為淪豈必土思如廉頗思用趙惟是絕交書所謂

心不耐煩而官事鞅掌者竟有負茶竈耳茂卿能以同

味諒吾耶

童承叙題陸羽傳後余嘗過竟陵憩羽故寺訪雁橋觀

茶井慨然想見其為人夫羽少厭髡緇篤嗜墳索本非

忘世者卒乃號桑苧追跡茗雪嘯歌獨行繼以痛哭其

意必有所在時乃比之接輿豈知羽者哉至具性甘苦

舜味辨淄澠清風雅趣膾炙今古張顛之於酒也昌黎

以為有所托而逃羽亦以是夫

穀山筆麈茶自漢以前不見於書想所謂檟者即是矣

李贄疑耀　古人冬則飲湯夏則飲水未有茶也李文正

貿眼錄謂茶始于唐崔寧黃伯思已辨其非伯思嘗見

北齊楊子華作邢子才魏收勘書圖已有煎茶者南窗

記談謂飲茶始於梁天監中事見洛陽伽藍記及閱吳

志韋曜傳賜茶荈以當酒則茶又非始於梁矣余謂飲

茶亦非始于吳也爾雅曰檟苦茶郭璞註可以為羹飲

早採為茶晚採為茗一名荈則吳之前亦以茶作飲矣

弟未如後世之日用不離也蓋自陸羽出茶之法始講

自呂惠卿蔡君謨輩出茶之法始精而茶之利國家且

藉之矣此古人所不及詳者也

王象晉茶譜小序茶喜木也一植不再移故婚禮用茶

從一之義也雖兆自食經飲自隋帝而好者尚寡至後

興於唐盛於宋始為世重矣仁宗賢君也頒賜兩府四

人僅得兩餅一人分數錢耳宰相家至不敢碾試藏以

為寶其貴重如此近世蜀之蒙山每歲僅以兩計蘇之

虎邱至官府預為封識公為採製所得不過數斤豈天

地間尤物生固不數數然耶甌泛翠濤碾飛綠屑不籍

雲腴孰驅睡魔作茶譜

陳繼儒茶董小序 范希文云萬象森羅中安知無茶星

余以茶星名館每與客茗戰旗槍標格天然色香映發

113

若陸季疵復生忍作毀茶論乎夏子茂卿叙酒其言甚

豪予曰何如隱囊紗帽倏然林澗之間摘露芽賣雲腴

一洗百年塵土胃耶熱腸如沸茶不勝酒幽韻如雲酒

不勝茶酒類俠茶類隱酒固道廣茶亦德素茂卿茶之

董狐也因作茶董東佘陳繼儒書於素濤軒

夏茂卿茶董序自晉唐而下紛紛邾莒之會各立勝場

品別淄澠判若南董遂以茶董名篇語曰窮春秋演河

圖不如戴茗一車誠重之矣如謂此君面目嚴冷而且

以為水厄且以為乳妖剚請效暴母先生無作山事冰

蓮道人識

本草石蕊一名雲茶

卜萬祺松寮茗政 虎邱茶色味香韻無可比擬必親詣

茶所手摘監製乃得真產且難久貯即百端珍護稍過

時即全失其初矣殆如彩雲易散故不入供御耶但山

品隙地所產無幾又為官司禁據寺僧慣雜贗種非精

鑒家辛莫能辨明萬歷中寺僧苦大吏需索雜除殆盡

文文肅公震孟作羅茶說以譏之至今真產尤不易得

袁了凡羣書備考茶之名始見於王褒僮約

許次杼茶疏唐人首稱陽羨宋人最重建州於今貢茶

兩地獨多陽羨僅有其名建州亦非上品惟武夷雨前

最勝近日所尚者為長興之羅峤疑即古顧渚紫筍然

峤故有數處今惟峒山最佳姚伯道云明月之峽厥有

佳茗韻致清遠滋味甘香足稱仙品其在顧渚亦有佳

者今但以水口茶之全與峤別矣若歙之松蘿吳之虎

邱杭之龍井並可與芥頏頏郭次甫極稱黃山黃山亦在歙

去松蘿遠甚往時士人皆重天池然飲之略多令人脹滿

浙之產曰鴈宕大盤金華曰鑄呰與武夷相伯仲錢塘

諸山產茶甚多南山儘佳北山稍劣武夷之外有泉州

之清源儻以好手製之亦是武夷亞匹惜多焦枯令人

意盡楚之產曰寶慶滇之產曰五華呰表表有名在鴈

茶之上其他名山所產當不止此或余未知或名未著

故不及論

李詡戒庵漫筆昔人論茶以旗槍為美而不取雀舌麥

顆蓋芽細則易雜他樹之葉而難辨耳旗槍者猶今稱

壺蜂翅是也

四時類要茶子於寒露候收曬乾以濕沙土拌勻盛筐

籠內穰草蓋之不爾即凍不生至二月中取出用糠與

焦土種之於樹下或背陰之地開坎圓三尺深一尺熟

劚著糞和土每阬下子六七十顆覆土厚一寸許相離

二尺種一叢性惡濕又畏日大概宜山中斜坡峻坂走

水處若平地須深開溝壟以洩水三年方可收茶

張大復梅花筆談趙長白作茶史攷訂頗詳要以識其

事而已矣龍團鳳餅紫茸驚芽決不可用於今世予嘗

論今之世筆貴而愈失其傳茶貴而愈出其味天下事

未有不身世而出之者也

文震亨長物志古今論茶事者無慮數十家若鴻漸之

經若謨之錄可為盡善然其時法用熟碾為九為挺故

所稱有龍團小龍團密雲龍瑞雲翔龍至宣和間始以

茶色白者為貴漕臣鄭可聞始剏為銀絲水芽以茶剔

葉取心清泉漬之去龍腦諸香惟新胯小龍蜿蜒其上

稱龍團勝雪當時以為不更之法而吾朝所尚又不同

其烹試之法亦與前人異然簡便異常天趣悉備可謂

盡茶之真味矣至於洗茶候湯擇器皆各有法寧持俊

言烏府雲屯等目而已哉

虎邱志馮夢楨云徐茂吳品茶以虎邱為第一

周高起洞山茶系芥茶之尚於高流雖近歟十年中事

而厥產伊始則自盧仝隱居洞山種於陰嶺遂有茗嶺之目相傳古有漢王者樓遲茗嶺之陽課童藝茶踵盧仝幽致故陽山所產香味倍勝茗嶺所以老廟後一帶茶猶唐宋根株也貢山茶今已絕種

按茶錄諸書閩中所產茶以建安北苑為第一壑源諸處次之武夷之名未有聞也然范文正公鬪茶歌云溪邊奇茗冠天下武夷仙人從古栽蘇文忠公云武夷溪邊粟粒芽前丁後蔡相寵嘉則武夷之茶在

北宋已經著名第末盛耳但宋元製造團餅似失正味

今則靈芽仙萼香色尤滿為閩中第一至于北苑壑源

又泯然無稱豈山川靈秀之氣造物生植之美或有時

變易而然乎

勞大與甌江逸志按茶非甌產也而甌亦產茶故舊制

以之充貢及今不廢張羅峯當國凡甌中所貢方物悉

與題蠲而茶獨留將毋以先春之揉可薦馨香且歲費

物力無多姑存之以稍備芹獻之義耶乃後世因按辦

之際不無恣取上為一下為十而藝茶之圃遂為怨叢

惟願為官於此地者不濫取于數外庶不致大為民病

耳

天中記凡種茶樹必下子移植則不復生故俗聘婦必

以茶為禮義固有所取也

事物紀原榷茶起於唐建中正元之間趙贊張滂建議

稅其什一

枕譚古傳注茶樹初採為茶老為茗再老為荈令槩稱

茗當是錯用事也

熊明遇岕山茶記產茶處山之夕陽勝于朝陽廟後山

西向故稱佳總不如洞山南向受陽氣特專足稱仙品

云

昌襄岕山茶彙鈔茶產平地受土氣多故其質濁岕茗

產于高山渾是風露清虛之氣故為可尚

吳拭云武夷茶賞自蔡君謨始謂其味過於北苑龍團

周右文極抑之蓋緣山中不暗製焙法一味計多狗利

之過也余試採少許製以松蘿法汲虎嘯巖下語兒泉

烹之三德俱備帶雲石而復有甘軟氣乃分數百葉寄

石文令茶吐氣復酌一杯報君謨於地下耳

釋超前武夷茶歌注 建州一老人始獻山茶死後傳爲

山神喊山之茶始此

中原市語 茶曰渲老

陳詩教灌園史 予嘗聞之山僧言茶子數顆落地一莖

而生有似連理故婚嫁用茶蓋取一本之義舊傳茶樹

125

不可移竟有移之而生者乃知晁采寄茶徒襲影響耳

唐李義山以對花啜茶為殺風景予苦渴疾何當七椀

花神有知當不我罪

金陵瑣事茶有肥瘦雲泉道人云凡茶肥者甘甘則不

香茶瘦者苦苦則香此又茶經茶訣茶品茶譜之所未發

野航道人朱存理云飲之用必先茶而茶不見於禹貢

蓋全民用而不為利後世榷茶立為制非古聖意也陸

鴻漸著茶經蔡君謨著茶譜孟諫議寄盧玉川三百月

團後俊至龍鳳之飾責當備於君謨然清逸高逺上通

王公下逺林野亦雅道也

佩文齋廣羣芳譜茗花即食茶之花色月白而黄心清香

隱然瓶之高齋可為清供佳品且蕊在枝條無不開編

王新城居易録廣南人以蓋為茶予頃著之皇華紀聞

閱道鄉集有張糾送吳洞蓋絕句云茶選修仁力破碾

登分吳洞忽當莚君謨逺矣知難作試取一瓢江水煎

蓋志完遷昭平時作也

127

分甘餘話宋丁謂為福建轉運使始造龍鳳團茶上供

不過四十餅天聖中又造小團其品過於大團神宗時

命造密雲龍其品又過於小團元祐初宣仁皇太后曰

指揮建州今後更不許造密雲龍亦不要團茶揀好茶

喫了生得甚好意智宣仁改熙寧之政此其小者顧其

言實為萬世可法士大夫家膏梁子弟尤不可不知也

謹備錄之

雲南通志茶曰芽以麗茶曰芽以結細茶曰芽以宛緬甸

128

夷語茶曰臘扑喫茶曰臘扑儀索

徐葆光中山傳信錄 琉球呼茶曰札

武夷茶考 按丁謂製龍團蔡忠惠製小龍團皆北苑事

其武夷修貢自元時浙省平章高興始而談者輒稱丁

蔡蘇文忠公詩云武夷溪邊粟粒芽前丁後蔡相寵嘉

則北苑貢時武夷已為二公賞識矣至高興武夷貢後

而北苑漸至無聞昔人云茶之為物滌昏雪滯於務學

勤政未必無助其與進荔子桃花者不同然充類至義

則亦官官妾之愛君也忠惠直道高名與范歐相亞

而進茶一事乃僭昏公君子舉措可不慎歟

隨見錄按沈存中筆談云建茶皆喬木吳蜀唯叢茇而

已以余所見武夷茶樹俱係叢茇初無喬木豈存中未

至建安歟抑當時北苑與此日武夷有不同歟茶經云

巴山峽川有兩人合抱者又與吳蜀叢茇之說互異姑

誌之以俟參考

萬姓統譜載漢時人有茶恬出江都易王傳按漢書茶

蘇林曰荼恬
食邪反則荼本兩
音至唐而荼荼始分耳

焦氏說楛荼曰玉蕋補

續茶經卷上之一

續茶經卷上之二

二之具

候補主事陸廷燦撰

陸龜蒙集 和茶具十詠

茶塢

茗地曲隈回野行多繚繞向陽就中密背澗差還少遥

盤雲䔄慢亂簇香簣小何處好幽期滿巖春露曉

茶人

天賦識靈草自然鍾野姿閒來北山下似與東風期雨

後探芳去雲間幽路危唯應報春鳥得共斯人知

茶筍

所孕和氣深時抽玉筍短輕烟漸結華嫩恐初成管尋

來春靄瞎欲去紅雲煖秀色自難逢傾筐不曾滿

茶籝

金刀劈翠筠織似波紋斜製作自野老攜持伴山娃昨

日鬪烟粒今朝貯綠華爭歌調笑曲日暮方還家

茶舍

旋取山上村架為山下屋門因水勢斜壁任巖隈曲朝
隨鳥俱散暮與雲同宿不憚採掇勞秖憂官未足

茶竈 經云茶竈無突

無突抱輕嵐有烟映初旭盈鍋玉泉沸滿甑雲芽熟哥

茶焙

香襲春桂嫩色凌秋菊煬者若吾徒年年看不足

左右搏凝膏朝昏布烟縷方圓隨樣拍次第依層取山

謠縱高下火候還文武見說焙前人時時炙花脯紫花
　　　　　　　　　　　　　　　　　　　　　焙人

以花

為脯

　　茶鼎

新泉氣味良古鐵形狀醜那堪風雨夜更值烟霞友曾

過穎石下又住清溪口穎石清溪皆且共鷾鸕廬皐盧
　　　　　　　　　　　　　　江南出茶處　　　茶名何

勞傾斗酒

　　茶甌

昔人謝堌埏徒為妍詞飾劉孝戚集有謝堌埏啟又有
烟嵐色光參筠席上韻雅金罍側直使于闐君從來
未嘗識

賣茶

間來松間坐看賣松上雪時於浪花裏併下藍英末傾

餘精爽健忍似氣埃減不合別觀書但宜窺玉札

皮日休集 茶中雜咏茶具

茶籯

良篋曉攜去驀過山桑塢開時送紫茗貢處沾清露歇

把傍雲泉歸將挂烟樹滿此是生涯黃金何足數

茶竈

瓊蘂後凝綠髓炊來先如何重辛苦一一輸膏粱

南山茶事動竈起巖根傍水煑石髮氣薪燃杉脂香青

茶焙

鑿彼碧巖下恰應深二尺泥易帶雲根燒難礪石脈初

能燥金餅漸見乾瓊液九里共杉林 皆名 焙 相望在山側

138

茶鼎

龍舒有良匠鑄此佳樣成立作菌蠢勢煎為灊渡聲草
堂暮雲陰松牕殘月明此時勺複茗野語知逾清

茶甌

邢客與越人皆能造茲器圓似月魂隨輕如雲魄起索
花勢旋眼頻沫香沾齒松下時一看支公亦如此

江西志餘干縣冠山有陸羽茶竈羽嘗鑒石為竈取越
溪水煎茶於此

陶榖清異錄豹革為囊風神呼吸之具也煮茶啜之可

以滌滯思而起清風每引此義稱之為水豹囊

曲洧舊聞范蜀公與司馬溫公同遊嵩山各攜茶以行

溫公取紙為帖蜀公用小木合子盛之溫公見而驚曰

景仁乃有茶具也蜀公聞具言留合與寺僧而去後士

大夫茶具精麗極世間之工巧而心猶未厭晁以道嘗

以此語客客曰使溫公見今日之茶具又不知云如何

也

北苑貢茶別錄　茶具有銀模銀圈竹圈銅圈等

梅堯臣宛陵集　茶竈詩山寺碧溪頭幽人綠岩畔夜火

竹聲乾春茗茶花亂蕊無雅趣兼薪桂煩燃爨

又茶磨詩云楚匠斷山骨折檀為轉臍乾坤人力內日

月蟻行迷

又有謝晏太祝遺雙井茶五品茶具四枚詩

武夷志　五曲朱文公書院前溪中有茶竈文公詩云仙

翁遺石竈宛在水中央飲罷方舟去茶烟裊細香

羣芳譜黄山谷云相茶瓢與相筯竹同法不欲肥而欲

瘦但欲飽風霜耳

樂純雪菴清史陸叟溺於茗事嘗為茶論并煎炙之法

造茶具二十四事以都統籠貯之時好事者家藏一副

於是若韋鴻臚木待制金法曹石轉運胡員外羅樞密

宗從事漆雕祕閣陶寶文湯提點竺副帥司職方輩皆

入吾籯中矣

許次杼茶疏凡士人登山臨水必命壺觴若茗椀薰爐

置而不問是徒豪舉余特置游裝精茗名香同行異

室茶甌銚注甌洗盂巾諸具畢備而附以香匲小爐香

囊匙箸

末曾汲水先備茶具必潔必燥淪時壺盞必仰置磁盂

勿覆案上漆氣食氣皆能敗茶

朱存理茶具圖贊序飲之用必先茶而制茶必有其具

錫具姓而繫名罷以爵加以號季宋之彌文然清逸高

遠上通王公下逮林野亦雅道也願與十二先生周旋

嘗山泉極品以終身此間富貴也天豈靳乎哉

審安老人茶具十二先生姓名

韋鴻臚　文鼎　　景暘　　四窗閒叟

木待制　利濟　　忘機　　隔竹主人

金法曹　研古　　元鍇　　雍之舊民
　　　　鑠古　　仲鑑　　和琴先生

石轉運　鑒齒　　遄行　　香屋隱君

胡員外　惟一　　宗許　　貯月仙翁

羅樞密　若藥　　傳師　　思隱寮長

宗從事　子佛　不遺　帰雲溪友

漆雕祕閣　承之　易持　古臺老人

陶寶文　去越　自厚　兔園上客

湯提點　發新　一鳴　溫谷遺老

竺副帥　善調　希點　雲濤公子

司職方　成式　如素　潔齋居士

高濂遵生八牋　茶具十六事收貯於器局内供役於苦節

君者故立名管之蓋欲歸統于一以其素有貞心雅操

七

而自能守之也

商象 古石鼎也用以煎茶

降紅 銅火箸也用以簇火不用聯索為便

遞火 銅火斗也用以搬火

團風 素竹扇也用以發火

分盈 挹水杓也用以量水斤兩即茶經水則也

執權 準茶秤也用以衡茶每杓水二斤用茶一兩

注春 磁瓦壺也用以注茶

啜香　竹茶匙也用以助果

撩云　竹茶匙也用以取果

纳敬　竹茶橐也用以放盏

漉尘　洗茶篮也用以潄茶

归洁　竹筅帚也用以涤壶

受污　拭抹布也用以洁瓯

静沸　竹架即茶经支鍑也

运锋　劖果刀也用以切果

王友石譜 竹爐并分封茶具六事

苦節君 湘竹風爐也用以煎茶更有行省收藏之

建城 以箬為籠封茶以貯度閣

雲屯 磁瓦瓶用以杓泉以供煮水

水曹 即磁缸瓦缶用以貯泉以供火鼎

烏府 以竹為籃用以盛炭為煎茶之資

器局 隔局為方箱用以總收以上諸茶具者

甘鈍 木碪墊也

品司 編竹為圓撞提盒用以收貯各品茶葉以待烹品者也

屠赤水茶箋茶具

湘筠焙 焙茶箱也

鳴泉賣茶磁罐

沈垢古茶洗

合香藏日支茶瓶以貯司品者

易持用以納茶即漆雕祕閣

屠隆考槃餘事 構一斗室相傍書齋內設茶具教一童

子專主茶役以供長日清談寒宵兀坐此幽人首務不

可少廢者

灌園史盧廷璧嗜茶成癖號茶庵嘗蓄元僧詎可庭茶

具十事具衣冠拜之

謝肇淛五雜組閩人以粗磁膽瓶貯茶近鼓山支提新

茗出一時盡學新安製為方圓錫具遂覺神采奕奕不

同

馮可賓岕茶牋論茶具茶壺以窯器為上錫次之茶杯

汝官哥定如未可多得則適意者為佳耳

李日華紫桃軒雜綴 昌化茶大葉如桃柳枝梗乃極香

余過逆旅偶得手摩其焙甑三日龍麝氣不斷

臞仙云 古之所有茶竈但聞其名未嘗見其物想必無

如此清氣也予乃陶土粉以為瓦器不用泥土為之大

能耐火雖猛焰不裂徑不過尺五高不過二尺余上下

皆鏤銘頌箴戒之又置湯壺于上具座皆空下有陽谷

之穴可以藏瓢甌之具清氣倍常

重慶府志 涪江青礶石為茶磨極佳

南安府志 崇義縣出茶磨以上猶有石門山石為之尤

佳蒼碧縝密鐫琢堪施

聞龍茶箋 茶具滌畢覆于竹架俟其自乾為佳其拭巾

只宜拭外切忌拭內蓋布帨雖潔一經人手極易作氣

縱器不乾亦無大害

續茶經卷上之二

續茶經卷上之三

三之造　　　候補主事陸廷燦撰

唐書太和七年正月吳蜀貢新茶皆於冬中作法為之上務恭儉不欲逆物性詔所在貢茶宜於立春後造

北堂書鈔茶譜續補云龍安造騎火茶最為上品騎火者言不在火前不在火後作也清明改火故曰火

大觀茶論茶工作于驚蟄尤以得天時為急輕寒英華

漸長條達而不迫茶工從容致力故其色味兩全故茶

工得茶天為度

擷茶以黎明見日則止用爪斷芽不以指揉凡芽如雀

舌穀粒者為鬬品一槍一旗為揀芽一槍二旗為次之

餘斯為下茶之始芽萌則有白合不去害茶味既擷則

有烏蔕不去害茶色

茶之美惡尤係於蒸芽壓黃之得失蒸芽欲及熟而香

壓黃欲膏盡乃止如此則製造之功十得八九矣滌芽

惟潔濯器惟淨蒸壓惟其宜研膏惟熟焙火惟良造茶

先度日晷之長短均工力之眾寡會採擇之多少使一

日造成恐茶過宿則害色味

茶之範度不同如人之有首面也其首面之異同難以

槩論要之色瑩徹而不駁質縝繹而不浮舉之凝結碾

之則鏗然可驗其為精品也有得於言意之表者

白茶自為一種與常茶不同其條敷闡其葉瑩薄崖林

之間偶然生出有者不過四五家生者不過一二株所

造止於二三銙而已須製造精微運度得宜則表裏昭

澈如玉之在璞他無與論也

蔡襄茶錄　茶味主于甘滑惟北苑鳳凰山連屬諸焙所

造者味佳隔溪諸山雖及時加意製作色味皆重莫能

及也又有水泉不甘能損茶味前世之論水品者以此

東溪試茶錄　建茶此他郡為最先北苑鑿源者尤早歲

多暖則先驚蟄十日即芽歲多寒則後驚蟄五日始發

先芽者氣味俱不佳惟過驚蟄者為第一民間常以驚

蟄為候諸焙後北苑者半月去遠則益晚凡斷芽必以

甲不以指以甲則速斷不柔以指則多濕易損擇之必

精濯之必潔蒸之必香火之必良一失其度俱為茶病

芽擇肥乳則甘香而粥面著盞而不散土瘠而芽短則

雲脚渙亂去盞而易散葉梗長則受水鮮白葉梗短則

色黃而泛烏蔕白合茶之大病不去烏蔕則色黃黑而

惡不去白合則味苦澀蒸芽必熟去膏必盡蒸芽未熟則

草木氣存去膏未盡則色濁而味重受烟則香奪壓黃

則味失此皆茶之病也

北苑別錄御園四十六所廣袤三十餘里自官平而上

為內園官坑而下為外園方春靈芽蓢坼先民焙十餘

日如九窠十二隴龍游窠小苦竹張坑西際又為禁園

之先也而石門乳吉香口三外焙常後北苑五七日興

工每日采茶蒸榨以其黃悉送北苑併造

造茶舊分四局匠者起好勝之心彼此相誇不能無獎

遂并而為二焉故茶堂有東局西局之名茶銙有東作

西作之號凡茶之初出研盆湯之欲其勻揉之欲其膩

然後入圈製銙隨笪過黃有方故銙有花銙有大龍有

小龍品色不同其名亦異隨網繫之於貢茶云

采茶之法須是侵晨不可見日晨則夜露未晞茶芽肥

潤見日則為陽氣所薄使芽之膏腴內耗至受水而不

鮮明故每日常以五更撾鼓集群夫于鳳凰山（山有伐鼓亭日）

役采夫二百監采官人給一牌入山至辰刻則復鳴鑼二十二人

以聚之恐其踰時貪多務得也大抵採茶亦須習熟募

天之際必擇土者及諳曉之人非特識茶法早晚所在

而于采摘亦知其指要耳

茶有小芽有中芽有紫芽有白合有烏蔕不可不辨小

芽者葉小如鷹爪初造龍團勝雪白茶以其芽先次蒸

熟置之水盆中剔取其精英僅如針小謂之水芽是小

芽中之最精者也中芽古謂之一槍二旗是也紫芽葉

之紫者也白合乃小芽有兩葉抱而生者是也烏蔕茶

之帶頭是也凡茶以水芽為上小芽次之中芽又次

紫芽白合烏帶在所不取使其擇焉而精則茶之色味

無不佳萬一雜之以所不取則首面不均色濁而味重

也

驚蟄節萬物始萌每歲常以前三日開焙遇閏則後之

以其氣候少遲故也

蒸芽再四洗滌取令潔淨然後入甑俟湯沸蒸之然蒸

有過熟之患有不熟之患過熟則色黃而味淡不熟則

色青而易沈有草木之氣故唯以得中為當

茶既蒸熟謂之茶黄須淋洗數過〔欲其冷也〕方入小榨以去

其水又入大榨以出其膏〔水芽則以高榨壓之以其芽嫩故也先包以布〕

帛束以竹皮然後入大榨壓之至中夜取出揉匀復如前

入榨謂之翻榨徹曉奮擊必至于乾潔而後已蓋建茶

之味遠而力厚非江茶之比江茶畏沈其膏建茶唯恐

其膏之不盡膏不盡則色味重濁矣

茶之過黄初入烈火焙次過沸湯爐之凡如是者三而

162

後宿一火至翌日遂過烟焙之火不欲烈烈則面泡而

色黑又不欲烟烟則香盡而味焦但取其溫溫而已凡

火之數多寡皆視其銙之厚薄銙之厚薄有十火至於

十五火銙之薄者六火至于八火大數既足然後過湯

上出色出色之後置之密室急以扇扇之則色澤自然

光瑩矣

研茶之具以柯為杵以瓦為盆分團酌水亦皆有數上

而勝雪白茶以十六水下而揀芽之水六小龍團四大

龍鳳二其餘皆十二焉自十二水而上曰研一團自六

水而下曰研三團至七團每水研之必至于水乾茶熟

而後已水不乾則茶不熟茶不熟則首面不勻煎試易

沈故研尤貴于強而有力者也嘗謂天下之理未有不

相須而成者有北苑之芽而後有龍井之水龍井之水

清而且甘晝夜酌之而不竭凡茶自北苑上者皆資焉

此亦猶錦之於蜀江膠之於阿井也詎不信然

姚寬西溪叢話建州龍焙面北謂之北苑有一泉極清

澹謂之御泉用其池水造茶即壞茶味惟龍團勝雪白

茶二種謂之水芽先蒸後揀每一芽先去外兩小葉謂

之烏蔕又次兩嫩葉謂之白合留小心芽置於水中呼

為水芽聚之稍多即研焙為二品即龍團勝雪白茶也

茶之極精好者無出于此每胯計工價二十千其他皆

先揀而后蒸研其味次第減也茶有十綱第一綱第二

綱太嫩第三綱最妙自六綱至十綱小團至大團而

止

黄儒品茶要録　茶事起于驚蟄前其采芽如鷹爪初造

日試焙又曰一火其次曰二火二火之茶已次一火矣

故市茶芽者惟伺出于三火前者為最佳尤喜薄寒氣

候陰不至凍芽發時尤畏霜有造於一火二火者皆遇

霜而三火霜霽則三火之茶勝矣晴不至于暄則穀芽

含養約勒而滋長有漸采工亦優為矣凡試時泛色鮮

白隠於薄霧者得於佳時而然也有造於積雨者其色

昏黄或氣候暴暄茶芽蒸發采工汗手薰漬揀摘不潔

則製造雖多皆為常品矣試時色非鮮白水脚微紅者

過時之病也

茶芽初采不過盈筐而已趨時爭新之勢然也既采而

蒸既蒸而研蒸或不熟雖精芽而所損已多試時味作

桃仁氣者不熟之病也唯正熟者味甘香

蒸芽以氣為候視之不可以不謹也試時色黃而粟紋

大者過熟之病也然過熟愈于不熟以甘香之味勝也

故若謨論色則以青白勝黃白而余論味則黃白勝青

白

茶蒸不可以逾久久則過熟又久則湯乾而焦釜之氣

出茶工有乏薪湯以益之是致蒸損茶黄故試時色多

皆蠟氣味焦惡者焦釜之病也建人謂之熱鍋氣

夫茶本以芽葉之物就之捲模既出捲上笪焙之用火

務令通熱即以茶覆之虛其中以透火氣然茶民不喜

用實炭號為冷火以茶餅新濕急欲乾以見售故用火

常帶烟熖熖烟既多稍失看候必致薰損茶餅試時其

色昏紅氣味帶焦者傷焙之病也

茶餅先黃而又陰潤者搾不乾也搾欲盡去其膏膏盡

則有如乾竹葉之意唯喜飾首面者故搾不欲乾以利

易售試時色雖鮮白其味帶苦者漬膏之病也

茶色清潔鮮明則香與味亦如之故採佳品者常於半

曉間衝蒙雲霧而出或以甕罐汲新泉懸胸臆間采得

即投於甲蓋欲其鮮也如或日氣烘爍茶芽暴長工力

不給其采芽已陳而不及蒸蒸而不及研研或出宿而

後製試時色不鮮明薄如壞卵氣者乃壓黃之病也

茶之精絕者曰鬬曰亞鬬其次揀茶芽鬬品雖最上園

戶或止一株蓋天材間有特異非能皆然也且物之變

勢無常而人之耳目有盡故造鬬品之家有昔優而今

劣前負而後勝者雖人工有至有不至亦造化推移不

可得而擅也其造一火曰鬬二火曰亞鬬不過十數錄

而已揀芽則不然偏園隴中擇其精英者耳其或貪多

務得又滋色澤往往以白合盜葉間之試時色雖鮮白

170

其味澀淡者間白合盜葉之病也 一凡鷹爪之芽有兩小葉抱而生者白合

也新條葉之初生而白者盜葉也造揀芽者只剔取鷹爪而白合不用況盜葉乎

物固不可以容偽況飲食之物尤不可也故茶有入他

草者建人號為入雜銙列入柿葉常品入拣檻葉二葉

易致又滋色澤園民欺售直而為之試時無粟紋甘香

盞面浮散隱如微毛或星星如纖絮者入雜之病也善

茶品者側盞視之所入之多寡從可知矣嚮上下品有

之近雖銙列亦或勻使

萬花谷龍焙泉在建安城東鳳凰山一名御泉北苑造

貢茶社前芽細如針用此水研造每片計工直錢四萬

分試其色如乳乃最精也

文獻通考宋人造茶有二類曰片曰散片者即龍團舊

法散者則不蒸而乾之如今時之茶也始知南渡之後

茶漸以不蒸為貴矣

學林新編茶之佳者造在社前其次火前謂寒食前也

其下則雨前謂穀雨前也唐僧齊己詩曰高人愛惜藏

巖裹白甀封題寄火前其言火前蓋未知社前之為佳
也唐人於茶雖有陸羽茶經而持論未精至本朝蔡君
謨茶錄則持論精矣

茗溪詩話 北苑官焙也漕司歲貢為上壑源私焙也土
人亦以入貢為次二焙相去三四里間若沙溪外焙也
與二焙絕遠為下故魯直詩莫遣沙溪來亂真是也官
焙造茶嘗在驚蟄後

朱翌猗覺寮記 唐造茶與今不同今採茶者得芽即蒸

173

熟焙乾唐則旋摘旋抄劉夢得試茶歌自傍芳叢摘鷹

嘴斯須炒成滿室香又云陽崖陰嶺各不同未若竹下

莓苔地竹間茶最佳

武夷志通仙井在御茶園水極甘冽每當造茶之候則

井自溢以供取用

金史泰和五年春罷造茶之防

張源茶錄茶之妙在乎始造之精藏之得法點之得宜

優劣定於始鍋清濁係乎末火

火烈香清鐺寒神倦火烈生焦柴踈失翠久延則過熟

速起却還生熟則犯黃生則著黑帶白點者無妨絕焦

點者最勝

藏茶切忌臨風近火臨風易冷近火先黃其置頓之所

須在時時坐臥之處逼近人氣則常溫不使寒必須板

房不宜土室板房溫燥土室潮蒸又要透風勿置幽隱

之處不惟易生濕潤兼恐有失檢點

謝肇淛五雜組　古人造茶多春令細末而蒸之唐詩家

僮僑竹敲茶臼是也至宋始用碾若揉而焙之則本朝

始也但揉者恐不及細末之耐藏耳

今造茶之法皆不傳而建茶之品亦遠出吳會諸品下

其武夷清源二種雖與上國爭衡而所產不多十九贋

鼎故遂令聲價靡而不振

閩之方山太姥支提俱產佳茗而製造不如法故名不

出里閈予嘗過松蘿遇一製茶僧詢其法曰茶之香原

不甚遠惟焙之者火候極難調耳茶葉尖者太嫩而蒂

多老至火候匀時尖者已焦而蔕尚未熟二者雜之茶

安得佳製松蘿者每葉皆剪去其尖蔕但留中段故茶

皆一色而工力煩矣宜具價之高也閩人急於售利每

斤不過百錢安得費工如許若價高即無市者矣故近

來建茶所以不振也

羅廩茶解采茶製茶最忌手汗體膻口臭多涕不潔之

人及月信婦人更忌酒氣蓋茶酒性不相入故采茶製

茶切忌沾醉

茶性易淫於染著無論腥穢及有氣息之物不宜近即

名香亦不宜近

許次杼茶疏 芥茶非夏前不摘初試摘者謂之開園采

遲病之往時無秋日摘者近乃有之七八月重摘一番

自正夏謂之春茶其地稍寒故須待時此又不當以太

謂之早春其品甚佳不嫌少薄他山射利多摘梅茶以

梅雨時采故名梅茶苦澀且傷秋摘佳產戒之

茶初摘時香氣未透必借火力以發其香然茶性不耐

勞炒不宜久多取入鐺則手力不匀久於鐺中過熟而

香散矣炒茶之鐺最忌新鐵須預取一鐺以備炒毋得

別作他用一說惟常煑飯者佳既無鐵鉎亦無脂膩炒

茶之薪僅可樹枝勿用幹葉則火力猛熾葉則易焰易

減鐺必磨洗瑩潔旋摘旋炒一鐺之內僅可四兩先用

文火炒軟次加武火催之手加木指急急鈔轉以半熟

為度微俟香發是其候也

清明太早立夏太遲穀雨前後其時適中若再遲一二

日待其氣力完足香烈尤倍易于收藏

藏茶於庋閣其方宜磚底數層四圍磚砌形若火爐愈

大愈善勿近土牆頓甕其上隨時取竈下大灰候冷簇

於甕傍半尺以外仍隨時取火灰簇之令裏灰常燥以

避風濕却忌火氣入甕蓋能黃茶耳日用所須旋于小

磁瓶中者亦當箬包苧縶勿令見風且宜置于案頭勿

近有氣味之物亦不可用紙包蓋茶性畏紙紙咸於水

中受水氣多也紙裹一夕即隨紙作氣而茶味盡矣雖

再焙之少頃即潤鷹宕諸山之茶首坐此病紙帖貽遠

安得復佳

茶之味清而性易移藏法喜温燥而惡冷濕喜清凉而

惡鬱蒸宜清觸而忌香惹藏用火焙不可日曬世人多

用竹器貯茶雖加籜葉擁護然籜性峭勁不甚伏帖風

濕易侵至于地爐中頓放萬萬不可人有以竹器盛茶

置被籠中用火即黃除火即潤忌之忌之

聞龍茶箋膏考經言茶焙甚詳愚謂今人不必全用此

法予構一室高不踰尋方不及丈縱廣正等四圍及頂

綿紙密糊無小罅隙置三四火缸于中安新竹篩于缸

內預洗新麻布一片以襯之散所炒茶於篩上闔戶而

焙上面不可覆蓋以茶葉尚潤一覆則氣悶罨黃須焙

二三時俟潤氣既盡然後覆以竹箕焙極乾出缸待冷

入器收藏後再焙亦用此法則香色與味猶不致大減

諸名茶法多用炒惟羅芥宜於蒸焙味真蘊藉世競珍

之即顧渚陽羡密邇洞山不復傚此想此法偏宜於芥

未可槩施諸他茗也然經已云蒸之焙之則所從來遠

矣

吳人絕重芥茶往往雜以黑箬大是闋事余每藏茶必

令摘青入山採竹箭箬拭淨烘乾護罌四週半用剪碎

拌入茶中經年發覆青翠如新

吳興姚叔度言茶若多焙一次則香味隨減一次予驗

之良然但于始焙時烘令極燥多用炭箬如法封固即

梅雨連旬燥仍自若惟開罈頻取所以生潤不得不再

焙耳自四月至八月極宜致謹九月以後天氣漸肅便

可解矣雖然能不弛懶尤妙

炒茶時須用一人從旁扇之以去熱氣否則茶之色香

味俱減此予所親試扇者色翠不扇者色黃炒起出鐺

時置大磁盆中仍須急扇令熱氣稍退以手重揉之再

散入鐺以文火炒乾之蓋揉則其津上浮點時香味易

出田子藝以生曬不炒不揉者為佳其法亦未之試

耳

羣芳譜以花拌茶頗有別致凡梅花木樨茉莉玫瑰薔

薇蘭蕙金橘梔子木香之屬皆與茶宜當於諸花香氣

全時摘拌三停茶一停花收于磁罐中一層茶一層花

相間填滿以紙箬封固入淨鍋中重湯煑之取出待冷

再以紙封裹於火上焙乾貯用但上好細芽茶忌用花

香反奪其真味惟平等茶宜之

雲林遺事蓮花茶就池沼中於早飯前日初出時擇取

蓮花蕊略綻者以手指撥開入茶滿其中用麻絲縛紮

定經一宿次早蓮花摘之取茶紙包曬如此三次錫罐

盛貯紮口收藏

邢士襄茶說凌露無雲采候之上霽日融和采候之次

積日重陰不知其可

田藝衡煮泉小品 芽茶以火作者為次生曬者為上亦

更近自然且斷煙火氣耳況作人手氣器不潔火候失

宜皆能損其香色也生曬茶淪之甌中則旗槍舒暢清

翠鮮明香潔勝于火炒尤為可愛

洞山茶系

芥茶采焙定以立夏後三日陰雨又需之世

人妄云雨前真芥抑亦未知茶事矣茶園既開入山賣

草枝者日不下二三百石山民收製以假混真好事家

躬往于租采焙戒視惟謹多被潛易真茶去人地相京

高價分買家不能二三斤近有采嫩葉除尖帶抽細筋

焙之亦曰片茶不去尖筋炒而復焙燥如葉狀曰攤茶

並難多得又有俟茶市將闌采取剩葉焙之名曰修山

茶香味足而色差老若令四方所貨芥斤多是南岳片

子署為騙茶可矣茶賈衒人率以長潮等茶本芥亦不

可得噫安得起陸龜蒙於九京與之廣茶之品也茶人

皆有市心令予徒仰真茶而已故予煩悶時每誦姚合

乞茶詩一遍

月令廣義炒茶每鍋不過半斤先用乾炒後微洒水以

布捲起揉做

茶擇淨微蒸候變色攤開扇去濕熱氣揉做畢用火焙

乾以箬葉包之語曰善蒸不若善炒善曬不若善焙蓋

茶以炒而焙者為佳耳

農政全書采茶在四月嫩則益人粗則損人茶之為道

釋滯去垢破睡除煩功則著矣其或采造藏貯之無法

碾焙煎試之失宜則雖建芽浙茗祗為常品耳此製作

之法宜亟講也

馮夢禎快雪堂漫錄炒茶鍋令極淨茶要少火要猛以

手拌炒令軟淨取出攤于匾中(略)用手操去焦梗冷定

復炒極燥而止不得便入瓶置於淨處不可近濕一二日

後再入鍋炒令極燥攤冷然後收藏

藏茶之罌先用湯煮過烘燥乃燒栗炭透紅投罌中覆

之令黑去炭及灰入茶五分投入冷炭再入茶將滿又

以宿箬葉實之用厚紙封固罌口更包燥淨無氣味輒

石壓之置于高燥透風處不得傍牆壁及泥地方得

屠長卿考槃餘事　茶宜箬葉而畏香藥喜溫燥而忌冷

濕故收藏之法先于清明時收買箬葉揀具最青者預

焙極燥以竹絲編之每四片編為一塊聽用又買宜興

新堅大甖可容茶十斤以上者洗淨焙乾聽用山中采

焙回復焙一番去其茶子老葉梗屑及枯焦者以大盆

伏生炭覆以竈中敲細赤火既不生烟又不易過置茶

焙下焙之約以二斤作一焙別用炭火入大爐內將甖

懸架其上烘至燥極而止先以編篛襯於甖底茶焙燥

後扇冷方入茶之燥以拈起即成末為驗隨焙隨入既

滿又以篛葉覆以茶上每茶一斤約用篛二兩甖口用

尺八紙焙燥者然後於向明淨室或高閣藏之用時以

新焙宜興小瓶約可受四五兩者另貯取用後隨即包

整夏至後三日再焙一次秋分後三日又焙一次一陽

後三日又焙一次連山中共焙五次從此直至交新色

味如一罨中用淺更以燥篛襯滿貯之雖久不渴

又一法以中罈盛茶約十斤一瓶每年燒稻草灰入大

桶內將茶瓶座於稱中以灰四面填桶瓶上覆灰築實

用時撥灰開瓶取茶些少仍復封瓶覆灰則再無蒸壞

之患次年另換新灰

又一法於空樓中懸架將茶瓶口朝下放則不蒸綠蒸

氣自天而下也

采茶時先自帶鍋入山別租一室擇茶工之尤良者倍

其雇值戒其搓摩勿使生硬勿令過焦細細炒燥扇冷

方貯罌中

采茶不必太細細則芽初萌而味欠足不可太青青則

葉已老而味欠嫩須在穀雨前後覓成梗帶葉微綠色

而團且厚者為上更須天色晴明采之方妙若閩廣嶺

南多瘴癘之氣必待日出山霽霧瘴嵐氣收淨采之可

也

馬可賓芥茶賤茶雨前精神未足夏後則梗葉太粗然

以細嫩為妙須富交夏時時看風日晴和月露初收親

自監采入籃如烈日之下應防籃內鬱蒸又須傘蓋至

舍速傾於淨籃內薄攤細揀枯枝病葉蛸絲青牛之類

一一剔去方為清潔也

蒸茶須看葉之老嫩定蒸之遲速以皮梗碎而色帶赤

為度若太熱則失鮮其鍋內湯須頻換新水蓋熱湯能

奪若味也

陳眉公太平清話 吳人於十月中采小春茶此時不獨

逗漏花枝尤喜日光晴暖從此蹉過霜淒鷹凍不復可

堪矣

眉公云采茶欲精藏茶欲燥烹茶欲潔

吳拭云 山中採茶歌淒清哀婉韻態悠長一聲從雲際

飄來未嘗不潸然墮淚吳歌未能動人如此也

熊明遇岕山茶記　貯茶之器先以生炭火煆過於烈日

中暴之令火滅乃亂插茶中封固罌口覆以新磚置於

高爽近人處霎大雨候切忌發覆須於晴燥日開取其

空缺處即當箬填滿封閟如故方為可久

雪蕉館記談明玉珍子昇在重慶取涪江青蟆石為茶

磨令宮人以武隆雪錦茶碾焙以大足縣香霏亭海棠

花味倍于常海棠無香獨此地香焙茶尤妙

詩話顧渚湧金泉每歲造茶時太守先祭拜然後水稍

出造茶鼎畢水漸減至供堂茶畢已減半矣太守茶畢

逐涸北苑龍焙泉亦然

天下有好茶為凡手焙壞有好山水為俗

子粗點壞有好子弟為庸師教壞真無可奈何耳

匡廬絕頂產茶在雲霧蒸蔚中極有勝韻而僧拙於焙

淪之為赤滷豈復有茶哉戌戌小春住東林同門人董

獻可曹不隨萬南仲手自焙茶有淺碧從教如凍柳清

芬不遣雜花飛之句宛成色香味殆絕

顧渚前朝名品正以採摘初芽加之法製所謂鼇一肱

之入僅充半璞取精之多自然櫃妙也今碌碌諸葉茶

中無殊菜濤何勝括目金華仙洞與閩中武夷俱良

村而厄於焙手壤頭本草市溪巷施濟之品近有蘇

焙者以色稍青遂混常價

芥茶彙鈔芥茶不炒甑中蒸熟然後烘焙緣其摘遲枝

葉微老炒不能軟徒枯碎耳亦有一種細炒芥乃他山

炒焙以欺好奇者芥中人惜茶決不忍嫩採以傷樹本

余意他山摘茶亦當如岕之遲摘老蒸似無不可但未

經嘗試不敢漫作

葉厚者有蕭箬之氣還是夏前六七日如雀舌者最不

茶以初出雨前者佳惟羅岕立夏開園吳中所貴梗摘

易得

櫺几叢書 南岳貢茶天子所嘗不敢置品縣官修貢期

以清明日入山肅祭乃始開園采造視松蘿虎邱而香

色豐美自是天家清供名曰片茶初亦如岕茶製法萬

Left side small text

欽定四庫全書

續茶經

歷丙辰僧稠蔭遊松蘿乃仿製為片

馮時可滇行記畧　滇南城外石馬井泉無異惠泉感通

寺茶不下天池伏龍特此中入不善焙㝨耳徽州松蘿

舊亦無聞偶虎邱一僧住松蘿菴如虎邱法焙製遂見

嗜于天下恨此泉不逢鴻漸此茶不逢虎邱僧也

湖州志長興縣啄木嶺金沙泉唐時每歲造茶之所也

在湖常二郡界泉處沙中居常無水將造茶二郡太守

畢至具儀注拜勅祭泉頃之發源其夕清溢供御者畢

水即微減供堂者畢水已半之太守造畢水即凋矣太

守或還師稽期則示風雷之變或見鷙獸毒蛇木魅陽

晚之類焉商旅多以顧渚水造之無沾令沙者令之紫

筍即用顧渚造者亦甚佳矣

高濂八牋　藏茶之法以箬葉封裹入茶焙中兩三日一

次用火當如人體之溫溫然而濕潤自去若火多則茶

焦不可食矣

謝肇淛五雜組武夷岁削紫帽龍山皆產茶僧拙於焙

既採則先蒸而後焙故色多紫赤尺堪供宮中澣濯用

耳近有以松蘿法製之者即試之色香亦具色經旬月

則紫赤如故蓋製茶者不過土著數僧耳語三吳之法

轉轉相效舊態畢露此須如昔人論琵琶法使數年不

近盡忘其故調而後以三吳之法行之或有當也

徐茂吳云實茶大甕底置箬甕口封閡倒放則過夏不

黃以其不外泄也子晉云當倒放有蓋缸內缸宜砂底

則不生水而燥加謹封貯不宜見日見日則生翳而

味損矣藏又不宜於熱處新茶不宜驟用貯過黃梅其

味始足

張大復梅花筆談　松蘿之香馥馥廟後之味閒閒顧渚

撲人鼻孔齒頰都異久而不忘然其妙在造凡宇內道

地之產性相近也習相遠也吾深夜被酒發張震封所

遺顧渚連啜而醒

王草堂茶說　武夷茶自穀雨采至立夏謂之頭春約隔

二旬復采謂之二春又隔又採謂之三春頭春葉粗味

濃二春三春葉漸細味漸薄且帶苦矣夏末秋初又采

一次名為秋露香更濃味亦佳但為來年計惜之不能

多采耳茶采後以竹筐勻鋪架於風日中名曰曬青俟

其青色漸收然後再加炒焙陽羨岕片祇蒸不炒火焙

以成松蘿龍井皆炒而不焙故其色純獨武夷炒焙兼

施烹出之時半青半紅青者乃炒色紅者乃焙色也茶

采而攤攤而摵香氣發越即炒過時不及皆不可既炒

既焙復揀去其中老葉枝蔕使之一色釋超全詩云如

梅斯馥蘭斯馨心閒手敏工夫細形容殆盡矣

王草堂節物出典　養生仁術云穀雨日採茶炒藏合法

能治痰及百病

隨見錄凡茶見日則味奪惟武夷茶喜日曬

武夷造茶其岩茶以僧家所製者最為得法至洲茶中

采回時逐片擇其背上有白毛者另炒另焙謂之白毫

又名壽星眉摘初發之芽一旗未展者謂之蓮子心連

枝二寸剪下烘焙者謂之鳳尾龍鬚要皆異其製造以

欺人射利實無足取焉

續茶經卷上之三

續茶經卷中

四之器

候補主事陸廷燦撰

御史臺記 唐制御史有三院一曰臺院其僚為侍御史二曰殿院其僚為殿中侍御史三曰察院其僚為監察御史察院廳居南會昌初監察御史鄭路所葺禮察廳謂之松廳以其南有古松也刑察廳謂之魘廳以寢於

此者多夢魘也兵察廳主掌院中茶其茶必市蜀之佳

者貯於陶器以防暑濕御史輒躬親緘啟故謂之茶瓶

廳

資暇集 茶托子始建中蜀相崔寧之女以茶杯無襯病

其熨指取楪子承之既啜而杯傾乃以蠟環楪子之央

其盂遂定即命工匠以漆代蠟環進於蜀相蜀相奇之

為製名而話於賓親人人為便用於當代是後傳者更

環其底愈新其製以至百狀焉

貞元初青郵油繪為荷葉形以襯茶椀別為一家之楪

今人多云托子始此非也蜀相即今昇平崔家訊則知

矣

大觀茶論茶器

羅碾碾以銀為上熟鐵次之槽欲深而峻輪欲銳而薄

羅欲細而面緊碾必力而速惟再羅則入湯輕泛粥面

光凝盞茶之色

盞須度茶之多少用盞之大小盞高茶少則掩蔽茶色

茶多盞小則受湯不盡惟盞熱則茶發立耐久

筅以觔竹老者為之身欲厚重筅欲疎勁本欲壯而末

必眇當如劍脊之狀蓋身厚重則操之有力而易於運

用筅疎勁如劍脊則擊拂雖過而浮沫不生

瓶宜金銀大小之製惟所裁給注湯利害獨瓶之口嘴

而已嘴之口差大而宛直則注湯力緊而不散嘴之末

欲圓小而峻削則用湯有節而不滴瀝蓋湯力緊則發

速有節不滴瀝則茶面不破

杓之大小當以可受一盞茶為量有餘不足傾杓煩數

茶必冰矣

蔡襄茶錄 茶器

茶焙編竹為之裹以蒻葉蓋其上以收火也隔其中以

有容也納火其下去茶尺許常溫溫然所以養茶色香

味也

茶籠茶不入焙者宜密封裹以蒻籠盛之置高處切勿

近濕氣

砧椎盖以碎茶砧以木為之椎則或金或鐵取於便用

茶鈐屈金鐵為之用以炙茶

茶碾以銀或鐵為之黄金性柔銅及鍮石皆能生鉎星音不入用

茶羅以絕細為佳羅底用蜀東川鵝溪絹之密者投湯中揉洗以罩之

茶盞茶色白宜黑盞建安所造者紺黑紋如兔毫其杯微厚熁之久熱難冷最為要用出他處者或薄或色紫

皆不及也其青白盞鬭試自不用

茶匙要重擊拂有力黃金為上人間以銀鐵為之竹者

太輕建茶不取

茶瓶要小者易於候湯且點茶注湯有準黃金為上若

人間以銀鐵或瓷石為之若瓶大啜存停久味過則不

佳矣

孫穆雞林類事 高麗方言茶匙曰茶戌

清波雜志 長沙匠者造酒器極精緻工直之厚等所用

白金之數士大夫家多有之實几案間但知以修靡相

夸初不常用也凡茶宜錫竊意以錫為合適用而不侈

貼以紙則茶味易損

張芸叟云呂申公家有茶羅子一金飾一棕櫚方接客

索銀羅子常客也金羅子禁近也棕櫚則公輔必矣家

人常挨排於屏間以候之

黃山谷集同公擇咏茶碾詩要及新香碾一杯不應傳

寶到雲來碎身粉骨方餘味莫厭聲喧萬壑雷

陶穀清異錄富貴湯當以銀銚煮之佳甚銅銚煮水錫

壺注茶次之

蘇東坡集揚州石塔試茶詩坐客皆可人鼎器手自潔

秦少游集茶臼詩幽人躭茗飲剚木事搗撞巧製合臼

形雅音伴枕棖

文與可集謝許判官惠茶器圖詩成圖畫茶器滿幅寫

茶詩會說工全妙深譜句特奇

謝宗可詠物詩茶筅此君一節瑩無瑕夜聽松聲漱玉

華萬里引風歸海眼半瓶飛雪起龍芽香凝翠髮雲生

腳濕滿蒼髯浪卷花到手纖毫皆盡力多因不負玉川

家

乾淳歲時記 禁中大慶會用大鍍金甆以五色果簇釘

龍鳳謂之繡茶

演繁露東坡後集二從駕景靈宮詩云病貪賜茗浮銅

葉按今御前賜茶皆不用建盞用大湯甆色正白但其

制樣似銅葉湯甆耳銅葉色黃褐色也

續茶經

周密癸辛雜志 宋時長沙茶具精妙甲天下每副用白

金三百星或五百星凡茶之具悉備外則以大縷銀合

貯之趙南仲丞相帥潭以黃金千兩為之以進尚方穆

陵大喜蓋內院之工所不能為也

楊基眉菴集 詠木茶爐詩紺綠仙人煉玉膚花神為曝

紫霞腴九天清淚沾明月一點芳心託鷓鴣肌骨已為

香魄死夢魂猶在露團枯嫵娥莫怨花零落分付餘醺

與酪奴

六

張源茶錄

茶銚金乃水母銀備剛柔味不鹹澀作銚最

良製必穿心令火氣易透

茶甌以白磁為上藍者次之

聞龍茶箋茶鍑山林隱逸水銚用銀尚不易得何況鍑

乎若用之恒歸於鐵也

羅廩茶解茶爐或瓦或竹皆可而大小須與湯銚稱凡

貯茶之器始終貯茶不得移為他用

李如一水南翰記 韻書無䃵字今人呼盛茶酒器曰䃵

檀几叢書品茶用歐白甆為良所謂素甆傳靜夜芳氣

滿閒軒也製宜弇口邃腸色浮浮而香不散

茶說器具精潔茶愈為之生色今時姑蘇之錫注時大

彬之沙壺汴梁之錫銚湘妃竹之茶竈宣成窰之茶盞

高人詞客賢士大夫莫不為之珍重卽唐宋以來茶具

之精未必有如斯之雅致

聞雁齋筆談茶旣就筐其性必發於日而遇知已於水

然非煮之茶竈茶爐則亦不佳故曰飲茶富貴之事也

雪庵清史　泉冽性駛非扃以金銀器味必破器而走矣

有饋中冷泉於歐陽文忠者公詬曰君故貧士何為致

此奇眂徐視饋器乃曰水味盡矣噫如公言飲茶乃富

貴事耶嘗考宋之大小龍團始於丁謂成於蔡襄公聞

而嘆曰君謨士人也何至作此事東坡詩曰武夷溪邊

粟粒芽前丁後蔡相寵嘉吾君所之豈此物致養口體

何陋耶觀此則二公又為茶敗壞多矣故余於茶瓶而

有感

茶鼎丹山碧水之鄉月澗雲龕之品滌煩消渴功誠不

在芝术下然不有似泛乳花浮雲腳則草堂暮雲陰松

颸殘雪明何以勻之野語清�600之有功於茶大矣哉

故曰休有立作菌蠢勢煎為瀑溪聲禹錫有驟雨松風

入鼎来白雲滿盆花徘徊居仁有浮花原屬三昧手竹

齋自試魚眼湯仲淹有鼎磨雲外首山銅瓶攜江上中

瀹水景綸有待得聲聞俱寂後一甌春雪勝醍醐600鼎

之有功於茶大矣哉雖然吾猶有取盧仝柴門反關無

俗客紗帽籠頭自煎喫楊萬里老夫平生愛煮茗十年

燒穿折腳鼎如二君者差可不負此鼎耳

馮時可茶錄 茈莉一名蒡蒪茶籠也犠木朽也瓢也

宜興志 茗壺陶穴環於蜀山原名獨山東坡居陽羨時

以其似蜀中風景改名蜀山今山椒建東坡祠以祀之

陶煙飛染祠宇盡黑

冒巢民云 茶壺以小為貴每一客一壺任獨斟飲方得

茶趣何也壺小則香不渙散味不躭遲況茶中香味不

先不後恰有一時太早或未足稍緩或巳過箇中之妙

清心自飲化而裁之存乎其人

周高起陽羨茗壺系茶至明代不復碾屑和香藥製團

餅巳遠過古人近百年中壺黜銀錫及閩豫甆而尚宜

興陶此又遠過前人處也陶昌取諸取其製以本山土

砂能發真茶之色香味不但杜工部云傾金注玉驚人

眼高流務以免俗也至名手所作一壺重不數兩價每

一二十金能使土與黃金爭價世日趨華抑足感矣考

其創始自金沙寺僧久而逸其名又提學頤山吳公讀

書金沙寺中有青衣供春者仿老僧法為之栗色闇闇

敦厖周正指螺紋隱隱可按允稱第一世作襲春候也

萬歷間有四大家董翰趙梁玄錫時朋朋郎大彬父也

大彬號少山不務妍媚而樸雅堅栗妙不可思遂於陶

人擅空羣之目矣此外則有李茂林李仲芳徐友泉又

大彬徒歐正春邵文金邵文銀蔣伯䔍四人陳用卿陳

信卿閔魯生陳光甫又婺源人陳仲美重鎪疊刻細極

鬼工沈君用邵蓋周後溪邵二孫陳俊鄉周季山陳和
之陳挺生承雲從沈君盛陳辰輩各有所長徐友泉所
製之泥色有海棠紅朱砂紫定窯白冷金黃淡墨沉香
水碧榴皮葵黃閃色梨皮等名大彬鐫款用竹刀畫之

書法閒雅

茶洗式如扁壺中加一盤扃而細竅其底便於過水濾

沙茶藏以閉洗過之茶者陳仲美沈君用各有奇製水

杓湯銚亦有製之盡美者要以椰瓢錫缶為用之恒

續茶經

十

茗壺宜小不宜大宜淺不宜深壺蓋宜盎不宜砥湯力

茗香俟得團結氤氳方為佳也

壺若有宿雜氣須滿貯沸湯滌之乘熱傾去即沒於冷

水中亦急出水瀉之元氣復矣

許次紓茶疏　茶盒以貯日用零茶用錫為之從大壜中

分出若用盡時再取

茶壺往時尚龔春近日時大彬所製極為人所重蓋是

捅砂製成正取砂無土氣耳

臞仙云茶甌者予嘗以瓦為之不用磁以筍殼為蓋以

櫚葉攢覆於上如篛笠狀以蔽其塵用竹架盛之極清

無比茶匙以竹編成細如筮籬樣與塵世所用者大不

凡矣乃林下出塵之物也煎茶用銅瓶不免湯腥用砂

銚亦嫌土氣惟純錫為五金之母制銚能益水德

謝肇淛五雜組 宋初關茶北苑為最當時上供者非兩

府禁近不得賜而人家亦珍重愛惜如王東城有茶囊

惟楊大年至則取以具茶他客莫敢望也

支廷訓集有湯蘊之傳乃茶壺也

文震亨長物志壺以砂者為上既不奪香又無熟湯氣

錫壺有趙良璧者亦佳吳中歸錫嘉禾黃錫價皆最高

遵生八箋茶銚茶瓶磁砂為上銅錫次之磁壺注茶砂

銚煮水為上茶盞惟宣窯壇盞為最質厚白瑩樣式古

雅有等宣窯印花白甌式樣得中而瑩然如玉次則嘉

窯心內有茶字小盞為美欲試茶色黃白豈容青花亂

之注酒亦然惟純白色器皿為最上乘餘品皆不取

試茶以滌器為第一要茶瓶茶盞茶匙生鉎致損茶味

必須先時洗潔則美

曹昭格古要論 古人喫茶湯用擊取其易乾不留滯

陳維儒試茶詩 有竹爐幽討松火怒飛之句 竹茶爐出惠山者最佳

淵鑒類函 茗盌韓詩茗盌纖纖捧

徐葆光中山傳信錄 琉球茶甌色黃描青綠花草云出

土噶喇其寶少廳然花但作冰紋者出大島甌上造一

小木蓋朱黑漆之下作空心托子製作頗工亦有茶托

續茶經

229

茶帛其茶具火爐與中國小異

茶帛其茶具火爐與中國小異其茶壺有名釣雪似帶笠而釣者

萬里清異錄時大彬茶壺有名釣雪似帶笠而釣者

然無瘁合意

隨見集洋銅茶弔來自海外紅銅盪錫薄而輕精而雅

烹茶最宜

續茶經卷下之一

五之煮

候補主事陸廷燦撰

唐陸羽六羨歌不羨黃金罍不羨白玉盃不羨朝入省不羨暮入臺千羨萬羨西江水曾向竟陵城下來

唐張又新水記故刑部侍卽劉公諱伯芻于又新文人行也為學精博有風鑒稱較水之與茶宜者凡七等揚

子江南零水第一無錫惠山寺石水第二蘇州虎邱寺

石水第三丹陽縣觀音寺井水第四大明寺井水第五

吳淞江水第六淮水最下第七余嘗俱齅於舟中親挹

而此之誠如其說也客有熟於兩浙者言搜訪未盡余

嘗志之及刺永嘉過桐廬江至嚴瀨溪邑至清水味甚

冷煎以佳茶不可名其鮮馥也愈於揚子南零殊遠及

至永嘉取仙巖瀑布用之亦不下南零以是知客之說

信矣

陸羽論水次第凡二十種廬山康王谷水簾水第一無

錫惠山寺石泉水第二蘄州蘭溪石下水第三峽州扇

子山下蝦蟆口水第四蘇州虎邱寺石泉水第五廬山

招賢寺下方橋潭水第六揚子江南零水第七洪州西

山瀑布泉第八唐州桐柏縣淮水源第九廬州龍池山

嶺水第十丹陽縣觀音寺水第十一揚州大明寺水第

十二漢江金州上游中零水第十三 歸州玉虛洞下^{水若}

香溪水第十四商州武關西洛水第十五吳凇江水第

十六天台山西南峰千丈瀑布水第十七柳州圓泉水

第十八桐盧嚴陵灘水第十九雪水第二十 用雪不可太冷

唐顧況論茶 煎以文火細煙焙以小鼎長泉

蘇庚仙芽傳第九卷載作湯十六法謂湯者茶之司命

若名茶而濫湯則與凡味同調矣煎以老嫩言凡三品

注以緩急言凡三品以器標者共五品以薪論者共五

品一得一湯二嬰湯三百壽湯四中湯五斷脈湯六大

壯湯七富貴湯八秀碧湯九壓一湯十纏口湯十一減

價湯十二法律湯十三一面湯十四宵人湯十五賤湯

十六魔湯

丁用晦芝田錄 唐李衞公德裕喜惠山泉取以烹茗自

常州到京置驛騎傳送號曰水遞後有僧某曰請為相

公通水脉蓋京師有一眼井與惠山泉脉相通汲以烹

茗味殊不異公問井在何坊曲曰昊天觀常住庫後是

也因取惠山昊天各一瓶雜以他水八瓶令僧辨晰僧

止取二瓶井泉德裕大加奇嘆

事文類叙贊黄公李德裕居廊廟日有親知奉使於京

口公曰還日金山下揚子江南零水與取一壺來其人

敬諾及使回舉棹日因醉而忘之汎舟至石城下方憶

乃汲一瓶於江中歸京獻之公飲後歎詫非常曰江表

水味有異於頃歲矣此水頗似建業石頭城下水也其

人即謝過不敢隱

河南通志盧仝茶泉在濟源縣仝有莊在濟源之通濟

橋二里餘紫泉存焉其詩曰買得一片田濟源花洞前

自號玉川子有寺名玉泉汲此寺之泉煎茶有玉川子

飲茶歌句多奇警

黃州志陸羽泉在蘄水縣鳳棲山下一名蘭溪泉羽品

為天下第三泉也嘗汲以烹茗宋王元之有詩

無盡法師天台志陸羽品水以此山瀑布泉為天下第

十七水余嘗試飲比余幽溪蒙泉殊劣余疑鴻漸但得

至瀑布泉耳苟徧歷天台當不取金山為第一也

海錄陸羽品水以雪水第二十以煎茶滯而太冷也

237

陸平泉茶寮記 唐秘書省中水最佳故名秘水

檀几叢書 唐天寶中稠錫禪師名清晏卓錫南嶽磵上

泉忽逬石竇間字曰真珠泉師飲之清甘可口曰得此

瀹吾鄉桐廬茶不亦稱乎

躍為度

大觀茶論 水以輕清甘潔為美用湯以魚蟹眼連絡逬

咸淳臨安志 棲霞洞內有水洞深不可測水極甘冽魏

公嘗調以瀹茗又蓮花院有三井露井最良取以烹茗

清甘寒列品為小林第一

王氏談錄公言茶品高而年多者必稍陳遇有茶處春

初取新芽輕炙雜而烹之氣味自復在襄陽試作甚佳

嘗語君謨亦以為然

歐陽修浮槎水記 浮槎與龍池山皆在廬州界中較其

味不及浮槎遠甚而又新所記以龍池為第十浮槎之

水棄而不錄以此知又新所失多矣陸羽則不然其論

曰山水上江次之井為下山水乳泉石池漫流者上其

言雖簡而於論水盡矣

蔡襄茶錄茶或經年則香色味皆陳煮時先於淨器中

以沸湯漬之刮去膏油聲去一兩重即止乃以鈐拊之用

微火炙乾然後碎碾若當年新茶則不用此說碾時先

以淨紙密裹槌碎然後熟碾其大要旋碾則色白如經

宿則色昏矣

碾畢即羅羅細則茶浮麤則沫浮

候湯最難未熟則沫浮過熟則茶沉前世謂之蟹眼者

240

過熟湯也沉瓶中煮之不可辨故曰候湯最難

茶少湯多則雲腳散湯少茶多則粥面聚　建人謂之雲腳粥面鈒

茶一錢七先注湯調令極勻又添注入環廻擊拂湯上

盞可四分則止眂其面色鮮白著盞無水痕為絕佳建

安鬭試以水痕先退者為負耐久者為勝故校勝負之

說曰相去一水兩水

茶有真香而入貢者微以龍腦和膏欲助其香建安民

間試茶皆不入香恐奪其真也若烹點之際又雜以珍

果香草其奪益甚正當不用

陶穀清異錄 饌茶而幻出物象於湯面者茶匠通神之

藝也沙門福全生於金鄉長於茶海能注湯幻茶成一

句詩如並點四甌共一首絕句泛於湯表小小物類唾

手辦爾櫃越日造門求觀湯戲全自咏詩曰生成盞裏

水丹青巧畫工夫學不成卻笑當時陸鴻漸煎茶贏得

好名聲

茶至唐而始盛近世有下湯運七別施妙訣使湯紋水

脈成物象者禽獸蟲魚花草之屬纖巧如畫但須臾即

就散滅此茶之變也時人謂之茶百戲

又有漏影春法用縷紙貼盞糝茶而去紙偽為花身別

以荔肉為葉松實鴨腳之類珍物為蕊沸湯點攪

煮茶泉品

予少得溫氏所著茶說嘗識其水泉之目有

二十焉會西走巴峽經蝦蟇窟北憩無城汲蜀岡井東

遊故都絕揚子江留丹陽酌觀音泉過無錫斟慧山水

粉槍末旗蘇蘭薪桂且鼎且缶以飲以歠莫不淪氣滌

慮蠲病析酲祛鄙恡之生心招神明而還觀信乎物類

之得宜臭味之所感幽人之佳尚前賢之精鑒不可及

已昔酈元善於水經而未嘗知茶王肅癖於茗飲而言

不及水表是二美吾無愧焉

魏泰東軒筆錄鼎州此百里有甘泉寺在道左其泉清

美最宜瀹茗林麓廻抱境亦幽勝寇萊公謫守雷州經

此酌泉誌壁而去未幾丁晉公竄朱崖復經此禮佛留

題而行天聖中范諷以殿中丞安撫湖外至此寺觀二

相留題徘徊慨嘆作詩以誌其旁曰平仲酌泉方頓轡

謂之禮佛繼南行層巒下瞰嵐煙路轉使高僧薄寵榮

張邦基墨莊漫錄元祐六年七夕日東坡時知揚州與

發運使晁端彦吳倅晁无咎大明寺汲塔院西廊井與

下院蜀井二水校其高下以塔院水為勝

華亭下有寒穴泉與無錫惠山泉味相同並嘗之不覺

有異邑人知之者少王荊公嘗有詩云神震列冰霜高

穴雪與平空山渟千秋不出鳴咽聲山風吹更寒山月

相與清此客不到此如何洗煩醒

羅大經鶴林玉露余同年友李南金云茶經以魚目湧

泉連珠為煮水之節然近世瀹茶鮮以鼎鑊用瓶煮水

難以候視則當以聲辨一沸二沸三沸之節又陸氏之

法以未就茶鑊故以第二沸為合量而下未若今以湯

就茶甌瀹之則當用背二涉三之際為合量也乃為聲

辨之詩曰砌蟲唧唧萬蟬催忽有千車捆載來聽得松

風并澗水急呼縹色綠磁盃其論固已精矣然瀹茶之

法湯欲嫩而不欲老蓋湯嫩則茶味甘老則過苦矣若

聲如松風澗水而遽淪之豈不過於老而苦哉惟移瓶

去火少待其沸止而淪之然後湯適中而茶味甘此南

金之所未講也因補一詩云松風桂雨到來初急引銅

瓶離竹爐待得聲聞俱寂後一甌春雪勝醍醐

陸羽別天下水味各立名品有石刻

行於世列子云孔子淄澠之合易牙能辨之易牙齊威

公大夫淄澠二水易牙知其味威公不信數世皆驗陸

羽豈得其遺意乎

黄山谷集　盧州大雲寺西偏崖石上有泉滴瀝一州泉

味皆不及也

林逋烹北苑茶有懷石碾輕飛瑟瑟塵乳花烹出建溪

春人間絶品應難識開對茶經憶故人

東坡集子頌自汴入淮泛江泝峽歸蜀飲江淮水盖彌

年旣至覺井水腥澀百餘日然後安之以此知江水之

甘於井也審矣今來嶺外自揚子始飲江水及至南康

江益清駛水益甘則又知南江賢於北江也近度嶺入

清遠峽水色如碧玉味益勝今游羅浮酌泰禪師錫杖

泉則清遠峽水又在其下矣嶺外惟惠州人喜闘茶此

水不虛出也

惠山寺東為觀泉亭堂曰漪瀾泉在亭中二井石甃相

去咫尺方圓異形汲者多由圓井蓋方動圓靜靜清而

動濁也流過漪瀾從石龍口出下赴大池者有土氣不

可汲泉流東下不涸張又新品為天下第二泉

249

避暑錄話 裴晉公詩云飽食緩行初睡覺一瓶新茗待

覓煎脫巾斜倚繩床坐風送水聲來耳邊公為此詩必

自以為得意然吾山居七年享此多矣

馮璧東坡海內烹茶圖詩 講筵分賜密雲龍春夢分明

覺亦空地惡九鑽黎火洞天游兩腋玉川風

萬花谷 黃山谷有井水帖云取井傍十數小石置瓶中

令水不濁故詠慧山泉詩云錫谷寒泉櫨石俱是也石

圓而長曰櫨所以澄水

茶家碾茶須碾著眉上白乃為佳嘗茶山詩云碾處須

看眉上白分時為見眼中青

輿地紀勝 竹泉在荊州府松滋縣南宋至和初苦竹寺

僧浚井得筆後黃庭堅謫黔過之視筆曰此吾蝦蟆碚

所隆因知此泉與之相通其詩曰 松滋縣西竹林寺苦

竹林中甘井泉已人謾說蝦蟆碚試裏春茶來就煎

周輝清波雜志 余家惠山泉石皆為几案間物觀舊東

來數問松竹平安信且時致陸子泉茗椀殊不落寞然

頃歲亦可致於下都但未免瓶盎氣用細砂淋過則如

新汲時號折洗惠山泉天台竹瀝水彼地人斷竹稍屈

而取之盈甖者雜以他水則亟敗蘇才翁與蔡君謨此

茶蔡茶精用惠山泉煮蘇茶劣用竹瀝水煎便能取勝

此說見江鄰幾所著嘉祐雜志果爾今喜擊拂者曾無

一語及之何也雙井因山谷乃重蘇魏公嘗云平生薦

舉不知幾何人唯孟安序朝奉歲以雙井一瓷為餉蓋

公不納苞苴顧獨受此其亦珍之耶

東京記文德殿兩掖有東西上閤門故杜詩云東上閤

之東有井泉絶佳山谷憶東坡烹茶詩云閤門井不落

第二竟陵谷簾空誤書

陳舜俞廬山記康王谷有水簾飛泉破巖而下者二三

十派其廣七十餘尺其高不可計山谷詩云谷簾煑甘

露是也

孫月峰坡仙食飲錄　唐人煎茶多用薑故薛能詩云鹽

損添常戒薑宜著更誇據此則又有用鹽者矣近世有

此二物者輒大笑之然茶之中等者用薑煎信佳鹽則

不可

馮可賓岕茶牋 茶雖均出於岕有如蘭花香而味甘過

霉歷秋開罈烹之其香愈烈味若新沃以湯色尚白者

真洞山也他嶰初時亦香秋則索然矣

羣芳譜世人性情嗜好各殊而茶事則十八兩九竹爐

火候茗椀清緣煮引風之碧雲傾浮花之雪乳非藉湯

勲何昭茶德略而言之其法有五一曰擇水二曰簡器

三曰忌溷四曰慎煮五曰辨色

吳興掌故錄 湖州金沙泉至元中中書省遣官致祭一

夕水溢溉田千畝賜名瑞應泉

職方志 廣陵蜀岡上有井曰蜀井言水與西蜀相通茶

品天下水有二十種而蜀岡水為第七

遵生八牋 凡點茶先須熁盞令熱則茶面聚乳冷則茶

色不浮 熁音脅 火迫也

陳眉公太平清話 余嘗酌中泠劣於惠山殊不可解後

弦之及知陸羽原以廬山谷簾泉為第一山疏云陸羽

茶經言瀑瀉湍激者勿食令此水瀑瀉湍激無如瀑乃

以為第一何也又雲液泉在谷簾側山多雲母泉其液

也洪纖如指清冽甘寒遠出谷簾之上乃不得第一又

何也又碧琳池東西兩泉皆極甘香其味不減惠山而

東泉尤冽

蔡君謨湯取嫩而不取老蓋為團餅茶言耳今旗芽鎗

甲湯不足則茶神不透茶色不明故茗戰之捷尤在五沸

徐渭煎茶七類　煮茶非漫浪要須其人與茶品相得故

其法往往傳於高流隱逸有煙霞泉石磊塊於胸次間

者

品泉以井水為下井取汲多者汲多則水活

候湯眼鱗鱗起沫餑鼓泛投茗器中初入湯少許俟湯

茗相投即滿注雲腳漸開乳花浮面則味全蓋古茶用

團餅碾屑味易出葉茶驟則乏味過熟則味昏底滯

張源茶錄山頂泉清而輕山下泉清而重石中泉清而

其砂中泉清而列土中泉清而厚流動者良於安靜負

陰者勝於向陽山削者泉寡山秀者有神真源無味真

水無香流於黃石為佳瀉出青石無用

湯有三大辨一曰形辨二曰聲辨三曰捷辨形為內辨

聲為外辨捷為氣辨如蝦眼蟹眼魚目連珠皆為萌湯

直至湧沸如騰波鼓浪水氣全消方是純熟如初聲轉

聲振聲駭聲皆為萌湯直至無聲方是純熟如氣浮一

縷二縷三縷及縷亂不分氤氳繚繞皆為萌湯直至氣

直冲貫方是純熟蔡君謨因古人製茶碾磨作餅則見

沸而茶神便發此用嫩而不用老也今時製茶不假羅

碾全具元體湯須純熟元神始發也

爐火通紅茶銚始上扇起要輕疾待湯有聲稍稍重疾

斯文武火之候也若過乎文則水性柔柔則水為茶降

過於武則火性烈烈則茶為水制皆不足於中和非茶

家之要旨

投茶有序無失其宜先茶後湯曰下投湯半下茶復以

湯滿曰中投先湯後茶曰上投夏宜上投冬宜下投春

秋宜中投

不宜用惡木敝器銅匙銅銚木桶柴薪烟煤爇炭觕童

惡婢不潔巾帨及各色果實香藥

謝肇淛五雜組　唐薛能茶詩云鹽損添常戒薑宜著更

誇煑茶如是味安得佳此或在竟陵翁未品題之先也

至東坡和寄茶詩云老妻稚子不知愛一半已入薑鹽

煎則業覺其非矣而此習猶在也今江右及楚人尚有以

薑煎茶者雖云古風終覺未典

閩人苦山泉難得多用雨水其味甘不及山泉而清過

之然自淮而北則雨水苦黑不堪煮茗矣惟雪水冬月

藏之入夏用乃絕佳夫雪固雨所凝也宜雪而不宜雨

何哉或曰北方瓦屋不淨多宜穢泥塗塞故耳

古時之茶曰煮曰烹曰煎須湯如蟹眼茶味方中今之

茶惟用沸湯投之稍著火即色黃而味澀不中飲矣延

知古今煮法亦自不同也

續茶經

十六

蘇才翁鬬茶用天台竹瀝水乃竹露非竹瀝也若今醫

家用火逼竹取瀝斷不宜茶矣

顧元慶茶譜 煎茶四要一擇水二洗茶三候湯四擇品

點茶三要一滌器二熁盞三擇果

熊明遇岕山茶記 烹茶水之功居六無山泉則用天水

秋雨為上梅雨次之秋雨冽而白梅雨醇而白雪水五

穀之精也色不能白養水須置石子於甕不惟益水而

白石清泉會心亦不在遠

雪庵清史余性好清苦獨與茶宜幸近茶鄉恣我飲啜

乃友人不辨三火三沸法余每過飲非失過老則失太

嫩致令甘香之味蕩然無存蓋誤於李南金之說耳如

羅玉露之論乃為得火候也友曰吾性惟好讀書玩佳

山水作佛事或醉花前不受水厄故不精於火候昔人

有言釋滯消壅一日之利暫佳瘠氣耗精終身之害斯

大獲益則歸功茶力貽害則不謂茶災甘受俗名緣此

之故噎茶寃甚矣不聞禿翁之言釋滯消壅清苦之益

263

實多瘠氣耗精情慾之害最大獲益則不謂茶力自害

則反謂茶殃且無火候不獨一茶讀書而不得其趣玩

山水而不會其情學佛而不破其宗好色而不飲其韻

皆無火候者也豈余愛茶而故為茶吐氣哉亦欲以此

清苦之味與故人共之耳

煮茗之法有六要一曰別二曰水三曰火四曰湯五曰

器六曰飲有摘茶有散茶有末茶有餅茶有研者有燅

者有煬者有舂者余幸得產茶方又兼得烹茶六要每

遇好朋便手自煎烹但願一甌常及真不用撐腸拄腹

文字五千卷也故曰飲之時義大矣哉

田藝衡煮泉小品 茶南方嘉木日用之不可少者品固

有嬭惡若不得其水且煮之不得其宜雖佳弗佳也但

飲泉覺爽啜茗忘喧謂非膏粱紈袴可語爰著煮泉小

品與枕石漱流者商焉

陸羽嘗謂烹茶於所產處無不佳蓋水土之宜也此論

誠妙況旋摘旋淪兩及其新耶故茶譜亦云蒙之中頂

茶若獲一兩以本處水煎服即能袪宿疾是也今武林

諸泉惟龍泓入品而茶亦惟龍泓山為最蓋茲山深厚

高大佳麗秀越為兩山之主故其泉清寒甘香雅宜煮

茶虞伯生詩但見瓢中清翠影落羣岫烹煎黃金芽不

取榖雨後姚公綬詩品嘗顧渚風斯下零落茶經奈爾

何則風味可知矣又況為葛仙翁煉丹之所哉又其上

為老龍泓寒碧倍之其地產茶為南北兩山絶品鴻漸

第錢塘天竺靈隱者為下品當未識此耳而郡志亦只

稱寶雲香林白雲諸茶皆未若龍泓清馥雋永也余嘗

一試之求其茶泉雙絶兩浙罕伍云

山厚者泉厚山奇者泉奇山清者泉清山幽者泉幽皆

佳品也不厚則薄不奇則蠢不清則濁不幽則喧必無

用矣

江公也眾水共入其中也水共則味雜故曰江水次之

其水取去人遠者蓋去人遠則湛深而無蕩漾之漓耳

嚴陵瀨一名七里灘蓋沙石上曰瀨曰灘也總謂之浙

續茶經

江但潮汐不及而且深澄故入陸品耳余嘗清秋泊釣
臺下取囊中武夷金華二茶試之固一水也武夷則黃
而燥洌金華則碧而清香乃知擇水當擇茶也鴻漸以
婺州為次而清臣以白乳為武夷之右今優劣頓反矣
意者所謂離其處水功其半者耶
去泉再遠者不能日汲須遣誠實山僮取之以免石頭
城下之偽蘇子瞻愛玉女河水付僧調水符以取之亦
惜其不得枕流焉耳故曾茶山謝送惠山泉詩有舊時

水遞費經營之句

湯嫩則茶味不出過沸則水老而茶之惟有花而無衣

乃得點瀹之候耳

有水有茶不可以無火非無火也失所宜也李約云茶

須活火煎蓋謂炭火之有焰者東坡詩云活水仍將活

火烹是也余則以為山中不常得炭且死火耳不若枯

松枝為妙遇寒月多拾松實房蓄為煮茶之具更雅

人但知湯候而不知火候火然則水乾是試火當先於

試水也呂氏春秋伊尹說湯五味九沸九變火為之紀

許次杼茶疏　甘泉旋汲用之斯良丙舍在城夫豈易得

故宜多汲貯以大甕但忌新器為其火氣未退易於敗

水亦易生蟲久用則善最嫌他用水性忌木松杉為甚

木桶貯水其害滋甚挈瓶為佳耳

沸速則鮮嫩風逸沸遲則老熟昏鈍故水入銚便須急

煑候有松聲即去蓋以息其老蟹眼之後水有微濤

是為當時大濤鼎沸旋至無聲是為過時過時老湯決

不堪用

茶注茶銚茶甌最宜蕩滌飲事甫畢餘瀝殘葉必盡去

之如或少存奪香敗味每日晨興必以沸湯滌過用極

熟麻布向內拭乾以竹編架覆而庋之燥處烹時取用

三人以上止熱一爐如五六人便當兩鼎爐用一童湯

方調適若令兼作恐有參差

火必以堅木炭為上然木性未盡尚有餘烟烟氣入湯

湯必無用故先燒令紅去其烟焰薰取性力猛熾水乃

易沸訖紅之後方授水器乃急扇之愈速愈妙毋令手

停停過之湯寧棄而再烹

茶不宜近陰室厨房市喧小兒啼野性人僮奴相關醋

熱齋舍

羅廩茶解茶色白味甘鮮香氣撲鼻乃為精品茶之精

者淡亦白濃亦白初潑白久貯亦白味甘色白其香自

溢三者得則俱得也近來好事者或慮其色重一注之

水投茶數片味固不足香亦宵然終不免水厄之誚雖

然尤貴擇水香以蘭花為上蠶豆花次之

煮茗須甘泉次梅水梅雨如膏萬物賴之滋養其味獨

甘梅後便不堪飲大甕滿貯投伏龍肝一塊以澄之即

竈中心乾土也乘熱投之

李南金謂當背二涉三之際為合量此真賞鑒家言而

羅鶴林懼湯老欲於松風澗水後移瓶去火少待沸止

而淪之此語亦未中竅殊不知湯既老矣雖去火何救哉

貯水甕須置於陰庭覆以紗帛使畫挹天光夜承星露

則英華不散靈氣常存假令壓以木石封以紙箬暴於

日中則內閉其氣外耗其精水神敝矣水味敗矣

考槃餘事今之茶品與茶經迥異而烹製之法亦與蔡

陸諸人全不同矣

始如魚目微微有聲為一沸緣邊湧泉如連珠為二沸

奔濤濺沫為三沸其法非活火不成若薪火方交水釜

繞熾急取旋傾水氣未消謂之嫩若人過百息水踰十

沸始取用之湯已失性謂之老老與嫩皆非也

夷門廣牘虎邱石泉舊居第三漸品第五以石泉淳泓

皆雨澤之積滲竇之潢也況閶廬墓隧當時石工多鑿

死僧衆上棲不能無穢濁滲入雖名陸羽泉非天然水

道家服食禁屍氣也

六硯齋筆記武林西湖水取貯大缸澄淀六七日有風

雨則覆晴則露之使受日月星之氣用以烹茶甘淳有

味不遜慧麓以其溪谷奔注涵浸凝渟非復一水取精

多而味自足耳以是知凡有湖陂大浸處皆可貯以取

澄絕勝淺流陰井昏滯腥薄不堪點試也古人好奇飲

中作百花熟水又作五色飲及冰蜜糖藥種種各殊余

以為皆不足尚如值精茗適之細劚松枝淪湯漱嚥而已

竹嬾茶衡　處處茶皆有然勝處未暇悉品姑據近道日

御者虎卯氣芳而味薄乍入盞菁英浮動鼻端拂拂如

蘭初析經喉吻亦快然必惠麓水甘醇足佐其寥薄

龍井味極腴厚色如淡金氣亦沉寂而咀嚼之久鮮腴

潮舌又必籍虎跑空寒尉齒之泉發之然後飲者領雋

永之滋無昏滯之患耳

松雨齋運泉約吾輩竹雪神期松風齒頰暫隨飲啄人

間終擬消搖物外名山未即塵海何辭然而搜奇煉句

液瀝易枯滌滯洗蒙茗泉不廢月團三百喜折魚緘槐

火一籌驚翻蟹眼陸季疵之著述旣奉典型張又新之

編摩能無鼓吹昔衛公宦達中書頗煩遞水杜老潛居

夔峽險叫濕雲今者環處惠麓踰二百里而遙問渡松

陵不三四日而致登新捐舊轉手妙若轆轤取便費廉

用力省於桔橰凡吾清士咸赴嘉盟

運惠水每罈償舟力費銀三分　水罈罈價及罈蓋

自備不計　水至走報各友令人自擡　每月上旬

斂銀中旬運水月運一次以致清新

願者書號於左以便登冊併開罈數如數付銀

某月某日付　松雨齋主人謹訂

芥茶彙鈔烹時先以上品泉水滌烹器務鮮務潔次以

熱水滌茶葉水若太滾恐一滌味損當以竹筋夾茶於

滌器中反覆洗蕩去塵土黃葉老梗既盡乃以手搦乾

置滌器內蓋定少刻開眎色青香冽急取沸水瀹之夏

先貯水入茶冬先貯茶入水

茶色貴白然白亦不難泉清瓶潔葉少水洗旋烹旋啜

其色自白然真味抑鬱徒為目食耳若取青綠則天池

松蘿及岕之最下者雖冬月色亦如苔衣何足為妙若

余所收真洞山茶自穀雨後五日者以湯薄瀚貯壺良

久其色如玉至冬則嫩綠味甘色淡韻清氣醇亦作嬰

兒肉香而芝芬浮蕩則虎邱所無也

洞山茶系芥茶德全策勳惟歸洗控沸湯潑葉即起洗

禹斂其出液候湯可下指即下洗禹排蕩沙沫復起併

指控乾閟之茶藏候投蓋他茶欲按時分投惟芥既經

洗控神理縣縣止須上投耳

天下名勝志宜興縣湖汶鎮有於潛泉實穴濶二尺許

狀如井其源洑流潛通味頗甘冽唐修茶貢此泉亦遞進

洞庭縹緲峰西北有水月寺寺東入小青塢有泉瑩澈

甘涼冬夏不涸宋李彌大名之曰無礙泉

安吉州碧玉泉為冠清可鑒髮香可淪茗

徐獻忠水品 泉甘者試稱之必厚重其所由來者遠大

使然也江中南零水自岷江發源數千里始澄於兩石

間其性亦重厚故甘也

處士茶經不但擇水其火用炭或勁薪其炭曾經燔為

腥氣所及及膏木敗器不用之古人辨勞薪之味殆有

旨也

山深厚者雄大者氣盛麗者必出佳泉

張大復梅花筆談茶性必發于水八分之茶遇十分之

水茶亦十分矣八分之水試十分之茶茶只八分耳

巖棲幽事黃山谷賦洶洶乎如澗松之發清吹浩浩乎

如春空之行白雲可謂得煎茶三昧

劍掃煎茶乃韻事須人品與茶相得故其法往往傳於

高流隱逸有烟霞泉石磊塊胸次者

湧幢小品 天下第四泉在上饒縣北茶山寺唐陸鴻漸

寓其地即山種茶酌以烹之品其等為第四邑人尚書

楊麒讀書於此因取以為號

余在京三年取汲德勝門外水烹茶最佳

大內御用井亦西山泉脈所灌真天漢第一品陸羽所

不及載

俗語芒種逢壬便入霉霉後積水烹茶甚香列可久藏

一交夏至便迥別矣試之良驗

家居苦泉水難得自以意取尋常水煮滾入大磁缸置

庭中避日色俟夜天色皎潔開鋼受露凡三夕其清澈

底積垢二三寸巫取出以罈盛之烹茶與惠泉無異

聞龍窊泉記吾鄉四郊皆山泉水在在有之然皆淡而

不甘獨所謂窊泉者其源出自四明自洞抵壤不下三

數百里水色蔚藍素砂白石粼粼見底清寒甘滑甲於

郡中

玉堂茶語黄諫常作京師泉品郊原玉泉第一京城文

華殿東大庖井第一後謫廣州評泉以難爬井為第一

更名學士泉

吳栻云 武夷泉出南山者皆潔冽味短北山泉味迴別

蓋兩山形似而脉不同也子攜茶具共訪得三十九處

其最下者亦無硬冽氣質

王新城隴蜀餘聞 百花潭有巨石三水流其中汲之煎

茶清冽異於他水

居易録 濟源縣段少司空圍是玉川子煎茶處中有二

泉或曰玉泉去盤谷不十里門外一水曰漭水出王屋

續茶經

山按通志玉泉在龍水上盧仝煎茶於此今水經注不載

分甘餘話　一水水名也酈元水經注渭水又東會一水

發源吳山地里志吳山古汧山也山下石穴水溢石空

懸波側注按此即一水之源在靈應峰下所謂西鎮靈

湫是也余丙子祭告西鎮嘗品茶於此味與西山玉泉

極相似

古夫于亭雜錄唐劉伯芻品水以中泠為第一惠山虎

卯次之陸羽則以康王谷為第一而次以惠山古今耳

食者遂以為不易之論其實二子所見不過江南數百

里內之水遠如峽中蝦蟇碚繞一見耳不知大江以北

如吾郡發地皆泉其著名者七十有二以之烹茶皆不

在惠泉之下宋李文叔格非郡人也嘗作濟南水記與

洛陽名園記並傳惜水記不存無以正二子之陋耳謝

在杭品平生所見之水首濟南趵突次以益都孝婦泉

神鎮青州范公泉而尚未見章邱之百脉泉右皆吾郡

之水二子何嘗多見子嘗題王秋史羋二十四泉草堂

云翻憐陸鴻漸跬步限江東正此意也

陸次雲湖壖雜記 龍井泉從龍口中瀉出水在池內其

氣恬然若遊人注視久之忽波瀾湧起如欲雨之狀

張鵬翮奉使日記 慈嶺乾澗側有舊二井從旁掘地七

八尺得水甘列可煮茗字之曰塞外第一泉

廣輿記 永平灤州有扶蘇泉甚甘列秦太子扶蘇嘗憩此

江寧攝山千佛嶺下石壁上刻隸書六字曰白乳泉試

茶亭

鍾山八功德水一清二冷三香四柔五甘六淨七不饐

八蠲疴

丹陽玉乳泉唐劉伯蒭論此水為天下第四

寧州雙井在黃山谷所居之南汲以造茶絕勝他處杭

州孤山下有金沙泉唐白居易嘗酌此泉甘美可愛視

其地沙光燦如金因名

安陸府沔陽有陸子泉一名文學泉唐陸羽嗜茶得泉

以試故名

增訂廣輿記　玉泉山泉出石罅間因鑿石為螭頭泉從

口出味極甘美瀦為池廣三丈東跨小石橋名曰玉泉

垂虹

武夷山志　山南虎嘯巖語兒泉濃若停膏瀉杯中鑑毛

髮味甘而博噉之有軟順意次則天柱三敲泉而茶園

喊泉又可伯仲矣北山泉味迥別小桃源一泉高地尺

許汲不可竭謂之高泉純遠而逸致韻雙發愈啜愈想

愈深不可以味名也次則接筍之仙掌露其最下者亦

無硬冽氣質

中山傳信錄 琉球烹茶以茶末雜細粉少許入碗沸水

半甌用小竹帚攪數十次起沫滿甌面為度以敬客且

有以大螺殼烹茶者

隨見錄 安慶府宿松縣東門外孚玉山下福昌寺旁井

曰龍井水味清甘瀹茗甚佳質與溪泉較重

續茶經卷下之一

續茶經卷下之二

六之飲

候補主事陸廷燦撰

盧仝茶歌曰高丈五睡正濃軍將扣門驚周公口傳諫

議送書信白絹斜封三道印開緘宛見諫議面手閱月

團三百片聞道新年入山裏蟄蟲驚動春風起天子未

嘗陽羨茶百草不敢先開花仁風暗結珠蓓蕾先春抽

出黄金芽摘鮮焙芳旋封裹至精至好且不奢至尊之

餘合王公何事便到山人家柴門反關無俗客紗帽籠

頭自煎吃碧雲引風吹不斷白花浮光凝椀面一椀喉

吻潤二椀破孤悶三椀搜枯腸惟有文字五千卷四椀

發輕汗平生不平事盡向毛孔散五椀肌骨清六椀通

仙靈七椀吃不得也唯覺兩腋習習清風生

唐馮贄記事珠建人謂鬭茶曰茗戰

北堂書抄 杜育荈賦云茶能調神和內解倦除慵

續博物志 南人好飲茶孫皓以茶與韋曜代酒謝安詣

陸納設茶果而已北人初不識此唐開元中泰山靈巖

寺有降魔師教學禪者以不寐法令人多作茶飲因以

成俗

大觀茶論 點茶不一以分輕清重濁相稀稠得中可欲

則止桐君錄云若有餑飲之宜人雖多不為貴也

夫茶以味為上香甘重滑為味之全北苑壑源之品兼

之卓絕之品真香靈味自然不同

茶有真香非龍麝可擬要須蒸極熟而壓之及乾而研

研細而造則和美具足入盞則馨香四達秋爽灑然

點茶之色以純白為上真青白為次灰白次之黄白又

次之天時得於上人力盡於下茶必純白青白者蒸壓

微生灰白者蒸壓過熟壓膏不盡則色青暗焙火太烈

則色昏黑

蘇文忠集予去黄十七年復與彭城張聖途丹陽陳輔

之同來院僧梵英葺治堂宇比舊加嚴潔茗飲芳列子

問此新茶耶曰茶性新舊交則香味復予嘗見知琴

者言琴不百年則桐之生意不盡緩急清濁嘗與雨暘

寒暑相應此理與茶相近故并記之

王壽集外臺秘要有代茶飲子詩云格韻高絕惟山居

逸人乃當作之予嘗依法治服其利膈調中信如所云

而其氣味乃一帖煮散耳與茶了無干涉

月兔茶詩環非環玦非玦中有迷離玉兔兒一似佳人

裙上月月圓還缺缺還圓此月一缺圓何年君不見鬪

茶公子不忍闢小團上有雙啣綬帶雙飛鸞

坡公嘗遊杭州諸寺一日飲釅茶七椀戲書云示病維

摩原不病在家靈運已忘家何須魏帝一丸藥且盡盧

仝七椀茶

侯鯖錄東坡論茶除煩去膩世固不可一日無茶然闇

中損人不少故或有忌而不飲者昔人云自茗飲盛後

人多患氣患黄雖損益相半而消陰助陽益不償損也

吾有一法常自珍之每食已輒以濃茶漱口煩膩既去

而脾胃不知凡肉之在齒間得茶漱滌乃盡消縮不覺

脫去母煩挑剌也而齒性便苦緣此漸堅密蠹疾自已

矣然率用中茶其上者亦不常有間數日一啜亦不為

害也此大是有理而人罕知者故詳述之

白玉蟾茶歌味如甘露勝醍醐服之頓覺沉疴甦身輕

便欲登天衢不知天上有茶無

唐庚鬬茶記政和三年三月壬戌二三君子相與鬬茶

於寄傲齋子為取龍塘水烹之而第其品吾聞茶不問

團銙要之貴新水不問江井要之貴活千里致水僞固

不可知就令識真已非活水今我提瓶走龍塘無數千

步此水宜茶昔人以為不減清遠峽每歲新茶不過三

月至矣罪庶之餘得與諸公從容談笑于此汲泉煮茗

以取一時之適此非吾君之力歟

蔡襄茶錄茶色貴白而餅茶多以珍膏油聲去其面故有

青黃紫黑之異善別茶者正如相工之視人氣色也隱

然察之于內以肉理潤者為上既已末之黃白者受水

昏重青白者受水詳明故建安人鬬試以青白勝黃白

飲茶不知起于何時歐陽公集古錄跋

云茶之見前史蓋自魏晉以來有之子按晏子春秋嬰

相齊景公時食脫粟之飯炙三戈五卯茗菜而已又漢

王褒僮約有五陽一作武都買茶之語則魏晉之前已有之

矣但當時雖知飲茶未若後世之盛也考郭璞注爾雅

云樹似梔子冬生葉可煮作羹飲然茶至冬味苦豈可

復作羹飲耶飲之令人少睡張華得之以為異聞遂載

之博物志非但飲茶者鮮識茶者亦鮮至唐陸羽著茶

經三篇言茶甚備天下益知飲茶其後尚茶成風回紇

入朝始驅馬市茶德宗建中間趙贊始興茶稅興元初

雖詔罷貞元九年張滂復奏請歲得緡錢四十萬今乃

與鹽酒同佐國用所入不知幾倍于唐矣

品茶要錄

余嘗論茶之精絕者其白合未開其細如麥

蓋得青陽之輕清者也又其山多帶砂石而號佳品者

皆在山南蓋得朝陽之和者也余嘗事閩乘暑景之明

淨適亭軒之瀟灑一皆取品試旣而神水生於華池

愈甘而新其有助乎昔陸羽號為知茶然羽之所知者

皆今之所謂茶草何哉如鴻漸所論蒸筍併葉畏流其

膏蓋草茶味短而淡故常恐去其膏建茶力厚而甘故

惟欲去其膏又論福建為未詳往得之其味極佳由是

觀之鴻漸其未至建安歟

謝宗論茶候蟾背之芳香觀蝦目之沸湧故細漚花泛

浮餑雲騰昏俗塵勞一啜而散

黃山谷集品茶一人得神二人得趣三人得味六七人

是名施茶

沈存中夢溪筆談芽茶古人謂之雀舌麥顆言其至嫩

也今茶之美者其質素良而所植之土又美則新芽一

發便長寸餘其細如鍼惟芽長為上品以其質幹土力

皆有餘故也如雀舌麥顆者極下材耳乃北人不識誤

為品題于山居有茶論且作嘗茶詩云誰把嫩香名雀

舌定來北客未曾嘗不知靈草天然異一夜風吹一寸長

茶有真香有佳味有正色烹點之際不宜以

珍果香草雜之奪其香者松子柑橙蓮心木瓜梅花茉

莉薔薇木樨之類是也奪其色者柿餅膠棗火桃楊梅

橘餅之類是也凡飲佳茶去果方覺清絕雜之則味無

辨矣若欲用之所宜則惟核桃榛子瓜仁杏仁欖仁栗

子雞頭銀杏之類或可用也

茶入口先須灌漱次復徐啜俟甘津潮

舌乃得真味若雜以花果則香味俱奪矣

飲茶宜涼臺靜室明牕曲几僧寮道院松風竹月晏坐

行吟清談把卷

飲茶宜翰卿墨客緇衣羽士逸老散人或軒冕中之超

軼世味者

烟

除煩雪滯滌醒破睡譚渴書倦是時茗椀策勳不減凌

許次杼茶疏　握茶手中俟湯入壺隨手投茶定其浮沉

然後瀹啜則乳嫩清滑而馥郁于鼻端病可令起疲可

306

令爽

一壺之茶只堪再巡初巡鮮美再巡甘醇三巡則意味

盡矣余嘗與客戲論初巡為婷婷嫋嫋十三餘再巡為

碧玉破瓜年三巡以來綠葉成陰矣所以茶注宜小小

則再巡已終寧使餘芬剩馥尚留葉中猶堪飯後供啜

敲之用

人必各手一甌毋勞傳送再巡之後清水滌之

若巨器屢巡滿中瀉飲待停少溫或求濃苦何異農匠

作勞但資口腹何論品賞何知風味乎

煮茶小品　唐人以對花啜茶為殺風景故王介甫詩云

金谷千花莫漫煎其意在花非在茶也余意以為金谷

花前信不宜矣若把一甌對山花啜之當更助風景又

何必羔兒酒也

茶如佳人此論最妙但恐不宜山林間耳昔蘇東坡詩

云從來佳茗似佳人曾茶山詩云移人尤物衆談誇是

也

若欲稱之山林當如毛女麻姑自然仙手道骨不浼煙

霞若夫桃臉柳腰亟宜屏諸銷金帳中毋令汙我泉石

茶之團者片者皆出於碾磑之末既損真味復加油垢

即非佳品要不若今之芽茶也蓋天然者自勝耳曾茶

山日鑄茶詩云寶銙自不乏山芽安可無蘇子瞻螫源

試焙新茶詩云要知玉雪心腸好不是膏油首面新是

也且末茶瀹之有屑滯而不爽知味者當自辨之

煮茶得宜而飲非其人猶汲乳泉以灌蒿藋罪莫大焉

飲之者一吸而盡不暇辨味俗莫甚焉

人有以梅花菊花茉莉花薦茶者雖風韻可賞究損茶

味如品佳茶亦無事此今人薦茶類下茶果此先近俗

是縱佳者能損茶味亦宜去之且下果則必用匙若金

銀大非山居之器而銅又生鉎皆不可也若舊稱北人

和以酥酪蜀人入以白土此皆蠻飲固不足責

羅廪茶解 茶通仙靈然有妙理

山堂夜坐汲泉煮茗至水火相戰如聽松濤傾瀉入杯

310

雲光瀲灩此時幽趣故難與俗人言矣

顧元慶茶譜品茶八要一品二泉三烹四器五試六候

七侶八勛

張源茶錄飲茶以客少為貴衆則喧喧則雅趣乏矣獨啜曰幽二客曰勝三四曰趣五六曰汎七八曰施瀹不宜

宜早飲不宜遲釀早則茶神未發飲遲則妙馥先消

雲林遺事倪元鎮素好飲茶在惠山中用核桃松子肉和真粉成小硯如石狀置于茶中飲之名曰清泉白石

茶

聞龍茶牋東坡云蔡君謨嗜茶老病不能飲日烹而玩
之可發來者之一笑也孰知千載之下有同病焉余嘗
有詩云年老眊彌甚脾寒量不勝去烹而玩之者幾希
矣因憶老友周文甫自少至老茗椀薰爐無時暫廢飲
茶日有定期旦明晏食禺中晡時下舂黃昏凡六舉而
客至烹點不與焉壽八十五無疾而卒非宿植清福烏
能畢世安享視好而不能飲者所得不旣多乎嘗蓄一

糞春壺摩挲寶玩不啻掌珠用之既久外類紫玉內如

碧雲真奇物也後以殉葬

快雪堂漫錄　昨同徐茂吳至老龍井買茶山民十數家

各出茶茂吳以次點試皆以為贗曰真者甘香而不列

稍列便為諸山贗品得一二兩以為真物試之果甘香

若蘭而山民及寺僧反以茂吳為非吾亦不能置辨偽

物亂真如此茂吳品茶以虎邱為第一常用銀一兩餘

購其斤許寺僧以茂吳精鑒不敢相欺他人所得雖厚

價亦贋物也子晉云本山茶葉微帶黑不甚青翠點之

色白如玉而作寒豆香宋人呼為白雲茶稍綠便為天

池物天池茶中雜數整虎卯則香味迴別虎卯其茶中

王種即芥茶精者庶幾妃后天池龍井便為臣種其餘

則民種矣

熊明遇芥山茶記茶之色重味重香重者俱非上品松

羅香重六安味苦而香與松羅同天池亦有草菜氣龍

井如之至雲霧則色重而味濃矣嘗啜虎卯茶色白而

香似嬰兒肉真稱精絕

邢士襄茶說　夫茶中着料碗中着果譬如玉貌加脂蛾

眉染黛翻累本色矣

馮可賓岕茶牋　茶宜無事佳客幽坐吟咏揮翰倘佯睡

起宿酲清供精舍會心賞鑒文僮茶忌不如法惡具主

客不韻冠裳苛禮葷肴雜陳忙冗壁間案頭多惡趣

謝在杭五雜組　昔人謂揚子江心水蒙山頂上茶蒙山

在蜀雅州其中峰頂尤極險穢虎狼蛇虺所居采得其

續茶經

十二

茶可蠲百疾今山東人以蒙陰山下石衣為茶當之非

矣然蒙陰茶性亦冷可治胃熱之病

凡花之奇香者皆可黶湯導生八憗云芙蓉可為湯然

今牡丹薔薇玫瑰桂菊之屬采以為湯亦覺清遠不俗

但不若茗之易致耳

北方柳芽初齔者采之入湯云其味勝茶曲阜孔林楷

木其芽可以烹飲閩中佛手柑橄欖為湯飲之清香色

味亦旗槍之亞也又或以菉豆微炒投沸湯中傾之其

色正綠香味亦不減新茗偶宿荒村中覓茗不得者可
以此代也

穀山筆麈六朝時北人猶不飲茶至以酪與之較惟江
南人食之甘至唐始興茶稅宋元以來茶目遂多然皆
蒸乾為末如今香餅之製乃以入貢非如今之食茶止
采而烹之也西北飲茶不知起於何時本朝以茶易馬
西北以茶為藥療百病皆瘥此亦前代所未有也

金陵瑣事思屯乾道人見萬鑑手軟膝酸云係五藏皆

火不必服藥惟武夷茶能解之茶以東南枝者佳採得

烹以澗泉則茶豎立若以井水即橫

六研齋筆記茶以芳冽洗神非讀書談道不宜褻用然

非真正契道之士茶之韻味亦未易評量嘗笑時流持

論貴嘶聲之曲無色之茶嘶近於啞古之遠梁遏雲竟

成鈍置茶若無色芳冽必減且芳與鼻觸冽以舌受色

之有無目之所審根境不相攝而取衷於彼何其悖耶

何其謬耶

虎邱以有芳無色擅茗事之品顧其馥郁不勝蘭芷止

與新剝荳花同調鼻之消受亦無幾何至於入口淡於

勻水清冷之淵何地不有乃煩有司章程作僧流極楚哉

紫桃軒雜綴　天目清而不齗苦而不螫正堪與緇流漱

滌笋巖石瀨則太寒儉野人之飲耳松羅極精者方堪

入供亦濃辣有餘甘芳不足恰如多財賈人縱復蘊藉

不免作蒜酪氣分水貢芽出本不多大葉老根潑之不

動入水煎成番有奇味蔫此茗時如得千年松柏根作

石鼎薰燎乃足稱其老氣

雞蘇佛欖欖仙宋人咏茶語也雞蘇即薄荷上口芳辣

欖久咀回甘合此二者庶得茶韻曰仙曰佛當於空

玄虛寂中嘿嘿證入不具是舌根者終難與說也

賞名花不宜更度曲烹精茗不必更焚香恐耳目口鼻

互牽不得全領其妙也

精茶不宜潑飯更不宜沃醉以醉則燥渴將滅裂吾上

味耳精茶豈止當為俗客齐尚是日泪泪塵務無好意

緒即烹、就寧俟冷以灌蘭斷不令俗腸汙吾茗君也

羅山廟后芥精者亦芬芳回甘但嫌稍濃之雲露清空

之韻以兄虎邱則有餘以父龍井則不足

天地通俗之才無遠韻亦不致嘔噦寒月諸茶黝黤黱無

邑而彼獨翠綠媚人可念也

屠赤水云　茶於穀雨候晴明日采製者能治痰欬療百疾

穎林新咏　顧彥先曰有味如朧飲而不醉無味如茶飲

而醒焉醉人何用也

徐文長秘集致品 茶宜精舍宜雲林宜磁瓶宜竹竈宜

幽人雅士宜衲子仙朋宜永晝清談宜寒宵兀坐宜松

月下宜花鳥間宜清流白石宜綠蘚蒼苔宜素手汲泉

宜紅粧掃雪宜船頭吹火宜竹裏飄煙

芸窗清玩 茅一相云余性不能飲酒而獨耽味於茗清

泉白石可以濯五臟之污可以澄心氣之哲服之不已

覺兩腋習習清風自生吾讀醉鄉記未嘗不神遊焉而

間與陸鴻漸蔡君謨上下其議則又爽然自釋矣

三才藻異 雷鳴茶產蒙山中頂雷發收之服三兩換骨

四兩為地仙

聞雁齋筆記趙長白自言吾生平無他幸但不曾飲井

水耳此老於茶可謂能盡其性者今亦老矣甚窮大都

不能如曩時猶摩挲萬卷中作茶史故是天壤間多情

人也

袁宏道瓶花史 賞花茗賞者上也譚賞者次也酒賞者

下也

茶譜博物志云飲真茶令人少眠此是實事但茶佳乃

敊且須末茶飲之如葉烹者不效也

太平清話琉球國亦時烹茶設古鼎於几上水將沸時

投茶末一匙以湯沃之少頃奉飲味甚清香

藜牀瀋餘長安婦女有好事者曾侯家睹彩牋曰一輪

初滿萬戶皆清若乃狎處裒幃不惟辜賀蟾光竊恐嫦

娥生妒涓于十五十六二宵聯女伴同志者一茗一爐

相從卜夜名曰伴嫦娥凡有冰心竚垂玉兒朱門龍氏

拜啟 陸濟源

沈周跋茶錄　樵海先生真隱君子也平日不知朱門為

何物日偃仰於青山白雲堆中以一瓢消磨半生蓋實

得品茶三昧可以羽翼桑苧翁之所不及即謂先生為

茶中董狐可也

王暉快說續記　春日看花郊行一二里許足力小疲口

亦少渴忽逢解事僧邀至精舍未通姓名便進佳茗踞

竹牀連啜數甌然後言別不亦快哉

禰泳枕中秘　讀罷吟餘竹外茶煙輕颺花深酒後鐺中

聲響初浮甌中風味誰知盧居士可與言者心下快活

自省黃宜州豈欺我哉

江之蘭文房約　詩書涵聖脈草木棲神明一草一木當

其含香吐艷倚櫃臨窗真足賞心悅目助我幽思亞宜

烹蒙頂石花悠然啜飲

扶輿沆瀣往來於奇峰怪石間結成佳茗故幽人逸士

紗帽籠頭自煎自喫車聲羊腸無火候苟飲不盡且嗽

棄之是又呼陸羽為茶博士之流也

高士奇天祿識餘　飲茶或云始於梁天監中見洛陽伽

藍記非也按吳志韋曜傳孫皓每讌饗無不竟日曜不

能飲密賜茶荈以當酒如此言則三國時已知飲茶矣

逮唐中世榷茶遂與煮海相抗迄今國計賴之

王復禮茶說　花晨月夕賢主嘉賓縱談古今品茶次第

天壤間更有何樂奚俟膾鯉炰羔金罍玉液痛飲狂呼

始為得意也范文正公云露芽錯落一番榮綴玉含珠

散嘉樹闘茶味兮輕醍醐闘茶香兮薄蘭芷沈心齋云

香舍玉女峰頭露潤帶珠簾洞口雲可稱巖茗知已

陳鑑虎邱茶經注補　鑑親采嫩葉與茶侶湯愚公小

焙烹之真作莒花香昔之黨虎邱茶者盡天池也

陳鼎滇黔紀遊　貴州羅漢洞洞深十餘里中有泉一泓其

如黝甘香清洌煮茗則色如渥丹飲之唇齒皆赤七日

乃復

瑞草論云　茶之為用味寒若熱渴凝悶胸目澀四肢煩

328

百節不舒聊四五啜與醍醐甘露抗衡也

茗味苦微寒無毒治五臟邪氣益意思令人少臥能輕身明目去痰消渴利水道

蜀雅州名山茶有露鋑芽籛芽皆云火前者言采造於禁火之前也火後者次之又有枳殼芽枸杞芽枇杷芽皆治風疾又有皂莢芽槐芽柳芽乃上春摘其芽和茶作之故今南人輸官茶往往雜以眾葉惟芽蘆竹箬之類不可以入茶自餘山中草木芽葉皆可和合而椿柿

葉九奇真茶性極冷惟雅州蒙頂出者溫而主療疾

服藏靈仙上茯苓者忌飲茶

羣芳譜療治方氣虛頭痛用上春茶末調成膏置瓦盞

內覆轉以巴豆四十粒作一次燒烟燻之曬乾乳細每

服一匙別入好茶末食後煎服立効　又赤白痢下以

好茶一斤炙搗為末濃煎一二盞服久痢亦宜　又二

便不通好茶生芝蔴各一撮細曬滾水沖下即通屢試

立効如曬不及擂爛滾水送

李時珍本草

隨見錄 蘇文忠集載憲宗賜馬總治泄痢腹痛方以生薑和皮切碎如粟米用一大錢并草茶相等煎服元祐二年文潞公得此疾百藥不效服此方而愈

二十

續茶經卷下之二

總校官進士 臣 程嘉謨

校對官中書 臣 李銓

謄錄監生 臣 蔡松年

唐·陸羽 撰

清·陸廷燦 撰

茶經 續茶經 （二）

中國書店

續茶經卷下之三

候補主事陸廷燦撰

七之事

晉書溫嶠表遺取供御之調條列真上茶千片茗三百

大薄

洛陽伽藍記王肅初入魏不食羊肉及酪漿等物常飯

鯽魚羹渴飲茗汁京師士子道肅一飲一斗號為漏卮

後數年高祖見其食羊肉酪粥甚多謂肅曰羊肉何如

魚羹茗飲何如酪漿肅對曰羊者是陸產之最魚者乃

水族之長所好不同並各稱珍以味言之甚是優劣羊

比齊魯大邦魚比邾莒小國唯茗不中與酪作奴高祖

大笑彭城王勰謂肅曰卿不重齊魯大邦而愛邾莒小

國何也肅對曰鄉曲所美不得不好彭城王復謂曰卿

明日顧我為卿設邾莒之食亦有酪奴因此呼茗飲為

酪奴時給事中劉縞慕肅之風專習茗飲彭城王謂縞

曰卿不慕王侯八珍而好蒼頭水厄海上有逐臭之夫

里内有學顰之婦以卿言之即是也蓋彭城王家有吳

奴故以此言戲之後梁武帝子西豐侯蕭正德歸降時

元乂欲為設茗先問卿於水厄多少正德不曉乂意答

曰下官生於水鄉而立身以來未遭陽侯之難元乂與

舉坐之客皆笑焉

海錄碎事晉司徒長史王濛字仲祖好飲茶客至輒飲

之士大夫甚以為苦每欲候濛必云今日有水厄

續搜神記桓宣武有一督將因時行病後虛熱更能飲

複茗一斛二斗乃飽纔減升合便以為不足非復一日

家貧後有客造之正遇其飲複茗亦先聞世有此病仍

令更進五升乃大吐有一物出如升大有口形質縮綹

狀似牛肚客乃令置之於盆中以一斛二斗複澆之此

物噏之都盡而止覺小脹又增五升便悉混然從口中

湧出既吐此物其病遂瘥或問之此何病客答云此病

名斛二瘕

潛確類書進士權紓文云隋文帝微時夢神人易其腦
骨自爾腦痛不止後遇一僧曰山中有茗草煮而飲之
當愈帝服之有效由是人競采啜因為之贊其略曰窮
春秋演河圖不如載茗一車

唐書太和七年罷吳蜀冬貢茶太和九年王涯獻茶以

涯為榷茶使茶之有稅自涯始十二月諸道鹽鐵轉運

榷茶使令狐楚奏榷茶不便於民從之

陸龜蒙嗜茶置園顧渚山下歲取租茶自判品第張

又新為水說七種其二惠山泉三虎邱井六淞江水人

助其好者雖百里為致之日登舟設蓬席齋束書茶竈

筆牀釣具往來江湖間俗人造門罕觀其面時謂江湖

散人或號天隨子甫里先生自比涪翁漁父江上丈人

後以高士徵不至

國史補故老云五十年前多患熱黃坊曲有專以烙黃

為業者霑產諸水中常有晝坐至暮者謂之浸黃近代

悉無而病腰腳者多乃飲茶所致也

韓晉公滉聞奉天之難以夾練囊盛茶末遣建步以進

黨魯使西番烹茶帳中番使問何為者魯曰滌煩消渴

所謂茶也番使曰我亦有之命取出以示曰此壽州者

此顧渚者此蘄門者

唐趙璘因話錄陸羽有文學多奇思無一物不盡其妙

茶術最著始造煎茶法至今鬻茶之家陶其像置煬突

間祀為茶神云宜茶足利鞏縣為甆偶人號陸鴻漸

買十茶器得一鴻漸市人沽茗不利輒灌注之復州一老

僧是陸僧弟子常誦其六羨歌且有追感陸僧詩

唐吳晦撫言鄭光業策試夜有同人突入吳語曰必先
必先可相容否先業為輟半鋪之地其人曰仗取一杓
水更託煎一椀茶先業欣然為取水煎茶居二日光業
狀元及第其人啟謝曰既煩取水更便煎茶當時不識
貴人凡夫肉眼今日俄為後進窮相骨頭

唐李義山雜纂富貴相擣藥碾茶聲

唐馮贄烟花記建陽進茶油花子餅大小形製各別極

可愛宮嬪縷金於面皆以淡粧以此花餅施於鬢上時

號北苑粧

唐玉泉子崔蠡知制誥丁太夫人憂居東都里第時尚

苦節嚙四方寄遺茶藥而巳不納金帛不異寒素

顏魯公帖廿九日南寺通師設茶會咸來靜坐離諸煩

惱亦非無益足下此意語虞十一不可自外耳顏真卿

頓首頓首

開元遺事逸人王休居太白山下日與僧道異人往還

每至冬時取溪氷敲其晶瑩者煮建茗共賓客飲之

李鄴侯家傳皇孫奉節王好詩初煎茶加酥椒之類遺

泌求詩泌戲賦云旋沫翻成碧玉池添酥散出琉璃眼

奉節王即德宗也

中朝故事有人授舒州牧贊皇公德裕謂之曰到彼郡

日天柱峯茶可惠數角其人獻數十斤李不受明年罷

郡用意精求獲數角投之李閱而受之曰此茶可以消

酒食毒乃命烹一甌沃於肉食內以銀合閉之詰旦視

其肉已化為水矣衆服其廣識

段公路北戶録前朝短書雜說呼茗為薄為夾又梁

科律有薄茗千夾云云

唐馤鸞杜陽雜編唐德宗每賜同昌公主饌其茶有緑

華紫英之號

鳳翔退耕傳元和時館閣湯飲待學士者煎麒麟草

溫庭筠採茶録李約宇存博汧公子也一生不近粉黛

雅度簡遠有山林之致性嗜茶能自煎嘗謂人曰當使

湯無妄沸庶可養茶始則魚目散布微微有聲中則四際

泉湧纍纍若貫珠終則騰波鼓浪水氣全消此謂老湯

三沸之法非活火不能成也客至不限甌數竟日熱火

執持茶器弗倦曾奉使行至陝州硤石縣東愛其渠水

清流旬日忘發

南部新書杜豳公悰位極人臣富貴無比嘗與同列言

平生不稱意有三其一為澧州刺史其二貶司農卿其

三自西川移鎮廣陵舟次瞿塘為駭浪所驚左右呼喚

謂之曰吾姓柳平生善為詩而嗜茗及死葬室在子全

厥居十餘步有古墳胡生每瀹茗必奠酹之嘗夢一人

有胡生者失其名以釘鉸為業居雲溪而近白蘋洲去

茶五十斤令居保壽寺名飲茶所曰茶寮

是求或出曰過百餘椀如常日亦不下四五十椀因賜

而致此僧對曰臣少也賤不知藥性本好茶至處惟茶

大中三年東都進一僧年一百二十歲宣皇問服何藥

不至渴甚自潑湯茶噢也

居之側常噚子之惠無以為報欲教子為詩胡生辭以

不能柳強之曰但率子言之當有致矣既寐試攪思果若

有寅助者厥後遂工焉時人謂之胡釘鉸詩柳當是柳

惲也說又一列子終於鄭令墓在郊籔謂賢者之跡而或

禁其樵收焉里有胡生者性落魄家貧少為洗鏡鍍釘

之業遇有甘果名茶美醞輒祭於列御冠之祠壠以求

聰慧而思學道歷禩忽夢一人取刀割其腹以一卷書

置於心腑及覺而吟哦之意皆工美之詞所得不由於

師友也既成卷軸尚不棄於猥賤之業真隱者之風遠

近號為胡釘鉸云

張又新煎茶水記代宗朝李季卿刺湖州至維揚逢陸

處士鴻漸李素熟陸名有傾蓋之歡因之赴郡泊揚子

驛將食李曰陸君善於茶蓋天下聞名矣況揚子南零

水又殊絕今者二妙千載一遇何曠之乎命軍士謹信

者操舟挈瓶深詣南零陸利器以俟之俄水至陸以杓

揚其水曰江則江矣第南零者似臨岸之水使曰某操

八

舟深入見者累百敢虛紿乎陸不言既而傾諸盆至半

陸遽止之又以杓揚之曰自此南零者矣使躡然大駭

伏罪曰某自南零齎至岸舟蕩覆半至懼其尟挹岸水

增之處士之鑒神鑒也其敢隱乎李與實從數十人皆

大駭愕

茶經本傳羽嗜茶著經三篇時鬻茶者至陶羽形置煬

突間祀為茶神有常伯熊者因羽論復廣著茶之功御

史大夫李季卿宣慰江南次臨淮知伯熊善煮茗召之

伯熊執器前季卿為再舉杯其後尚茶成風

金鑾密記金鑾故例翰林當直學士春晚人困則日賜

成象殿茶果

梅妃傳唐明皇與梅妃鬪茶顧諸王戲曰此梅精也吹

白玉笛作驚鴻舞一座光輝鬪茶令又勝吾矣妃應聲

曰草木之戲娛勝陛下設使調和四海烹餁鼎鼐萬乘

自有憲法賤妾何能較勝負也上大悦

杜鴻漸送茶與楊祭酒書顧渚山中紫笋茶兩片一片

續茶經

九

上太夫人一片充昆弟同歡此物但恨帝未得嘗實所

嘆息

白孔六帖壽州刺史張鎰以餉錢百萬遺陸宣公贄公

不受止受茶一串曰敢不承公之賜

海錄碎事鄧利云陸羽茶既為癖酒亦稱狂

侯鯖錄唐右補闕綦毋㫤音英博學有著述才性不飲茶

嘗著伐茶飲序其略曰釋滯消壅一日之利暫佳瘠氣

耗精終身之累斯大獲益則歸功茶力貽患則不咎茶

災豈非為福近易知為禍遠難見歟哭在集賢無何以

熱疾暴終

茗溪漁隱叢話義興貢茶非舊也李栖筠典是邦僧有

獻佳茗陸羽以為冠於他境可薦於上栖筠從之始進

萬兩

合璧事類唐肅宗賜張志和奴婢各一人志和配為夫

婦號漁童樵青漁童捧釣收綸蘆中鼓枻樵青蒸蘭薪

桂竹裏煎茶

萬花谷顧渚山茶記云山有鳥如鴝鵒而小蒼黃色每

至正二月作聲云春起也至三四月作聲云春去也採

茶人呼為報春鳥

董逌陸羽點茶圖跋竟陵大師積公嗜茶久非漸兒煎

奉不鄉口羽出遊江湖四五載師絕於茶味代宗召師

入内供奉命宮人善茶者烹以飼師一啜而罷帝疑其

詐令人私訪得羽召入翌日賜師齋密令羽煎茗遺之

師捧甌喜動顏色且賞且啜一舉而盡上使問之師曰

此茶有似漸兒所為者帝由是歎師知茶出羽見之

鹽甌志白樂天方齋劉禹錫正病酒乃以菊苗蘆菔蓏蘆菔

鮓饌樂天換取六斑茶以醒酒

詩話皮光業字文通最躭茗飲中表請嘗新柑莚具甚

豐簜綾叢集繞至未顧尊罍而呼茶甚急徑進一巨觥

題詩曰未見甘心氏先迎苦口師衆噱云此師固清高

難以療飢也

太平清話盧仝自號癖王陸龜蒙自號怪魁

潛確類書唐錢起字仲文與趙莒為茶宴又嘗過長孫

宅與朗上人作茶會俱有詩紀事

湘烟録閔康侯曰羽著茶經為李季卿所慢更著毀茶

論其名疾字季疵者言為季所疵也事詳傳中

吳興掌故録長興啄木嶺唐時吳興毘陵二太守造茶

修貢會宴於此上有境會亭故白居易有夜聞賈常州

崔湖州茶山境會歡宴詩

包衡清賞録唐文宗謂左右曰若不甲夜視事乙夜觀

書何以為君嘗召學士於內庭論講經史較量文章官

人以下侍茶湯飲饌

名勝志唐陸羽宅在上饒縣東五里羽本竟陵人初隱

吳興苕溪自號桑苧翁後寓信城時又號東岡子刺史

姚驪嘗詣其宅鑿沼為滇渤之狀積石為嵩華之形後

隱士沈洪喬葺而居之

饒州志陸羽茶竈在餘干縣冠山右峯羽嘗品越溪水

為天下第二故思居禪寺鑿石為竈汲泉煮茶曰丹爐

晉張氳作元大德時總管常福生從方士搜爐下得藥

二粒盛以金盒及歸開視失之

續博物志物有異體而相制者翡翠屑金人氣粉犀北

人以鍼敲冰南人以線解茶

太平山川記茶葉寮五代時于履居之

類林五代時魯公和凝字成績在朝率同列連日以茶

相飲味劣者有罰號為湯社

浪樓雜記天成四年度支奏朝臣乞假省觀者欲量賜

24

茶藥文班自左右常侍至侍郎宜各賜蜀茶三斤蠟面

茶二斤武班官各有差

馬令南唐書豐城毛炳好學家貧不能自給入廬山與

諸生留講獲鏹即市酒盡醉時彭會好茶而炳好酒時

人為之語曰彭生作賦茶三片毛氏傳詩酒半升

十國春秋楚王馬殷世家開平二年六月判官高郁請

聽民售茶北客收其徵以贍軍從之秋七月王奏運茶

河之南北以易繒纊戰馬仍歲貢茶二十五萬斤詔可

由是屬內民得自摘山造茶而收其算歲入萬計高男

置邸閣居茗號曰八㭊主人

荊南列傳文了吳僧也雅善烹茗擅絕一時武信王時

來遊荊南延住紫雲禪院日試其藝王大加欣賞呼為

湯神奏授華亭水大師人皆目為乳妖

談苑茶之精者北苑名白乳頭江左有金蠟面李氏別

命取其乳作片或號曰京挺的乳二十餘品又有研膏

茶即龍品也

釋文瑩玉壺清話　黄夷簡雅有詩名在錢忠懿王俶幕

中陪樽俎二十年開寶初太祖賜俶開吳鎮越崇文耀

武功臣制詔俶遣夷簡入謝於朝歸而稱疾於安溪別

業保身潛遁箬山居詩有宿雨一番蔬甲嫩春山幾焙

茗旗香之句雅喜治宅咸平中歸朝為光禄寺少卿後

以壽終焉

五雜俎　建人喜鬬茶故稱茗戰錢氏子弟取雲上瓜各

言其中子之的數剖之以觀勝負謂之瓜戰然茗猶堪

戰瓜則俗矣

潛確類書偽閩甘露堂前有茶樹兩株鬱茂婆娑宮人

呼為清人樹每春初嬪嬙戲於其下採摘新芽於堂中

設傾筐會

宋史紹興四年初命四川宣撫司支茶博馬

舊賜大臣茶有龍鳳飾明德太后曰此豈人臣可得命

有司別製入香京挺以賜之

宋史職官志茶庫掌茶江浙荆湖建劍茶茗以給翰林

諸司賞賚出鬻

宋史錢俶傳太平興國三年宴俶長春殿令劉鋹李煜

預坐俶貢茶十萬片建茶萬片及銀絹等物

甲申雜記仁宗朝春試進士集英殿后妃御太清樓觀

之慈聖光獻出餅角以賜進士出七寶茶以賜考官

玉海宋仁宗天聖三年幸南御庄觀刈麥遂幸玉津園

燕犀臣聞民舍機杼賜織婦茶綵

陶穀清異錄有得建州茶膏取作耐童兒八枚膠以金

29

縷獻於閩王曦遇通文之禍為內侍所盜轉遺貴人

符昭遠不喜茶嘗為同列御史會茶嘆曰此物面目嚴

冷了無和美之態可謂冷面草也

孫樵送茶與焦刑部書云晚甘侯十五人遣侍齋閣此

徒皆乘雷而摘拜水而和蓋建陽丹山碧水之鄉月澗

雲龕之品慎勿賤用之

湯悅有森伯頌蓋名茶也方飲而森然嚴乎齒牙既久

而四肢森然二義一名非熟乎湯甌境界者誰能目之

吳僧梵川誓願燃頂供養雙林傅大士自往蒙頂山結

庵種茶凡三年味方全美得絕佳者曰聖楊花吉祥蕊

共不逾五斤持歸供獻

宣城何子華邀客於剖金堂酒半出嘉陽嚴峻所畫陸

羽像懸之子華因言前代惑駿逸者為馬癖沈貫索者

為錢癖愛子者有譽兒癖躭書者有左傳癖若此叟溺

於茗事何以名其癖楊粹仲曰茶雖珍未離草也宜追

目陸氏為甘草癖一座稱佳

類苑學士陶穀得黨太尉家姬取雪水烹團茶以飲謂

姬曰黨家應不識此姬曰彼麁人安得有此但能於銷

金帳中淺斟低唱飲羊膏兒酒耳陶深愧其言

胡嶠飛龍澗飲茶詩云沾牙舊姓餘甘氏破睡當封不

夜侯陶穀愛其新奇令猶子彝和之彝應聲云生凉好

喚雞蘓佛回味宜稱撅攬仙彝時年十二亦文詞之有

基址者也

延福宮曲宴記宣和二年十二月癸巳召宰執親王學

士曲宴於延福宫命近侍取茶具親手注湯擊拂少

頃白乳浮盞面如踈星淡月顧諸臣曰此自烹茶飲畢

皆頓首謝

宋朝紀事洪邁選成唐詩萬首絕句表進壽皇宣諭閣

學選擇甚精備見博洽賜茶一百夸清馥香二十貼薰

香二十貼金器一百兩

乾淳歲時記仲春上旬福建漕司進第一綱茶名北苑

試新方寸小胯進御止百胯護以黄羅輭盍藉以青篛

裹以黃羅夾複臣封朱印外用朱漆小匣鍍金鎖又以

細竹絲織笈貯之凡數重此乃雀舌水芽所造一胯之

值四十萬僅可供數甌之啜爾或以一二賜外邸則以

生線分解轉遺好事以為奇玩

南渡典儀車駕幸學講書官講訖御藥傳旨宣坐賜茶

凡駕出儀衛有茶酒班殿侍兩行各三十一人

司馬光日記初除學士待詔李堯卿宣召稱有勑口宣

畢再拜升階與待詔坐啜茶鑑中朝舊典也

歐陽脩龍茶錄後序皇祐中脩起居注奏事仁宗皇帝

屢承天問以建安貢茶併所以試茶之狀諭臣論茶之

舛謬臣追念先帝顧遇之恩覽本流涕輒加正定書之

於石以永其傳

隨手雜錄子瞻在杭時一日中使至密謂子瞻曰某出

京師辭官家官家曰辭了娘娘來某辭太后殿復到官

家處引某至一櫃子旁出此一角密語曰賜與䕷軾不

得令人知遂出所賜乃茶一斤封題皆御筆子瞻具劄

附進稱謝

潘中散适為處州守一日作醮其茶百二十盞皆乳花

內一盞如墨詰之則酌酒人誤酌茶中潘焚香再拜謝

過即成乳花僚吏皆驚嘆

石林燕語 故事建州歲貢大龍鳳團茶各二斤以八餅

為斤仁宗時蔡君謨知建州始別擇茶之精者為小龍

團十斤以獻斤為十餅仁宗以非故事命劾之大臣為

請因留而免劾然自是遂為歲額熙寧中賈青為福建

運使又取小團之精者為密雲龍以二十餅為斤而雙

袋謂之雙角團茶大小團袋皆用緋通以為賜也密雲

龍獨用黃蓋專以奉玉食其後又有瑞雲翔龍者宣和

後團茶不復貴皆以為賜亦不復如向日之精後取其

精者為銙茶歲賜者不同不可勝紀矣

春渚記聞東坡先生一日與魯直文潛諸人會飯既食

骨飽兒血羹客有須薄茶者因就取所碾龍團編綴坐

客或曰使龍茶能言當須稱屈

魏了翁先茶記眉山李君鏗為臨邛茶官吏以故事

曰謁先茶君詰其故則曰是韓氏而王號相傳為然實

未嘗請命於朝也君曰飲食皆有先而況茶之為利不

惟民生食用之所資亦焉政邊防之收頼是之弗圖非

忘本乎於是撤舊祠而增廣焉且請於郡上神之功狀

於朝宣賜榮號以侈神賜而馳書於靖命記成役

拊掌錄宋自崇寧後復榷茶法制曰嚴私販者固巳抵

罪而商賈官券清納有限道路有程纖悉不如令則被

擊斷或沒貨出告昏愚者往往不免其齊乃目茶籠為

草大蟲言傷人如虎也

苕溪漁隱叢話歐公和劉原父揚州時會堂絶句云積

雪猶封蒙頂樹驚雷未發建溪春中州地暖萌芽早入

貢宜先百物新注時會堂造貢茶所也余以陸羽茶經

考之不言揚州出茶惟毛文錫茶譜云揚州禪智寺隋

之故宮寺傍蜀岡其茶甘香味如蒙頂焉第不知入貢

之因起何時也

盧溪詩話雙井老人以青砂蠅紙裹細茶寄人不過二

兩

青瑣詩話大丞相李公昉嘗言唐時目外鎮為麤官有

學士貼外鎮茶有詩謝云麓官乞與直虛鄭賴有詩情

合得嘗 外鎮即 薛能也

玉堂雜記淳熙丁酉十一月壬寅必大輪當內直上曰

卿想不甚飲比賜宴時見卿面赤賜小春茶二十銙葉

世英墨五團以代賜酒

陳師道後山叢談 張忠定公令崇陽民以茶為業公曰

茶利厚官將取之不若早自異也命拔茶而植桑民以

為苦其後榷茶他縣皆失業而崇陽之桑皆已成其為

絹而北者歲百萬疋矣 言行錄 又見名臣

文正李公既薨夫人誕日宋宣獻公時為侍從公與其

僚二十餘人詣第上壽拜於簾下宣獻前曰太夫人不

飲以茶為壽探懷出之注湯以獻復拜而去

張芸叟畫墁錄 有唐茶品以陽羨為上供建溪北苑未

著也貞元中常衮為建州刺史始蒸焙而研之謂研膏

茶其後稍為餅樣而穴其中故謂之一串陸羽所烹惟

是草茗爾迨本朝建溪獨盛採焙製作前世所未有也

士大夫珍尚鑒別亦過古先丁晉公為福建轉運使始

製為鳳團後為龍團貢不過四十餅專擬上供即近臣

之家徒聞之而未嘗見也天聖中又為小團其品迥嘉

於大團賜兩府然止於一斤唯上大齋宿兩府八人共

賜小團一餅縷之以金八人析歸以侈非常之賜親知

瞻玩賡唱以詩故歐陽永叔有龍茶小錄或以大團賜

者輒到方寸以供佛供仙奉家廟已而奉親并待客享

子弟之用熙寧末神宗有旨建州製密雲龍其品又加

於小團自密雲龍出則二團少粗以不能兩好也子元

祐中詳定殿試是年分為制舉考第官各蒙賜三餅然

親知誅責殆將不勝

熙寧中蘇子容使遼姚麟為副曰盍載此小團茶乎子

容曰此乃供上之物疇敢與遼人未幾有貴公子使遼

廣貯團茶以往自爾遼人非團茶不納也非小團不貴

也彼以二團易蕃羅一疋此以一羅酬四團少不滿意

即形言語近有貴貂守邊以大團為常供密雲龍為好

茶云

鶴林玉露嶺南人以檳榔代茶

彭乘墨客揮犀蔡君謨議茶者莫敢對公發言建茶所

以名重天下由公也後公製小團其品尤精於大團一

日福唐蔡葉丞秘教召公啜小團坐久復有一客至公

啜而味之曰此非獨小團必有大團雜之丞驚呼童詰

之對曰本碾造二人茶繼有一客至造不及即以大團

薰之丞神服公之明審

王荊公為小學士時嘗訪君謨君謨聞公至喜甚自取

絕品茶親滌器烹點以待公冀公稱賞公於夾袋中取

消風散一撮投茶甌中併食之君謨失色公徐曰大好

茶味君謨大笑且歎公之真率也

魯應龍閑窗括異志當湖德藏寺有水陸齋壇往歲富

民沈忠建每設齋施主虔誠則茶現瑞花故花儼然可
睹亦一異也

周輝清波雜志先人嘗從張晉彥覓茶張咎以二小詩
云内家新賜密雲龍只到調元六七公賴有山家供小
草猶堪詩老籯春風仇池詩裏識焦坑風味官焙可抗
衡鑽餘權倖亦及我十輩遣前公試烹詩總得偶病此
詩俾其子代書後誤刊于湖集中焦坑產庾嶺下味苦
硬久方回甘如浮石巳乾霜後水焦坑新試雨前茶東

坡南還回至章貢顯聖寺詩也後屢得之初非精品特

彼人自以為重包裹鑽攫偉亦宣能望建溪之勝

東京夢華錄舊曹門街北山子茶坊内有仙洞仙橋士

女往往夜遊吃茶於彼

五色線騎火茶不在火前不在火後故也清明改火故

曰騎火茶

夢溪筆談王城東素所厚惟楊大年公有一茶囊唯大

年至則取茶囊具茶他客莫與也

南方草木狀宋二帝北狩到一寺中有二石金剛並拱

手而立神像高大首觸桁棟別無供器止有石盂香爐

而已有一胡僧出入其中僧揖坐問何來帝以南來對

僧呼童子點茶以進茶味甚香美再欲索飲胡僧與童

子趨堂後而去移時不出入內求之寂然空舍惟竹林

間有一小室中有石刻胡僧像並二童子侍立視之儼

然如獻茶者

馬永卿懶真子錄王元道嘗言陝西子仙姑傳云得道

術能不食年約三十許不知其實年也陝西提刑陽翟

李熙民逸老正直剛毅人也聞人所傳甚異乃往青平

軍自驗之既見道貌高古不覺心服因曰欲獻茶一盃

可乎姑曰不食茶久矣令勉強一啜既食少頃垂兩手

出玉雪如也須臾所食之茶從十指甲出凝於地色猶

不變逸老令就地刮取且使嘗之香味如故因大奇之

朱子文集與志南上人書偶得安樂茶分上廿餅

陸放翁集同何元立蔡肩吾至丁東院汲泉煮茶詩云

雲芽近自峨眉得不減紅囊顧渚春旋置風爐清樾下

他年奇事屬三人

周必大集送陸務觀赴七閩提舉常平茶事詩云暮年

桑苧毀茶經應為征行不到閩令有雲孫持使節好因

貢焙祀茶人

梅堯臣集晏成績太祝遺雙井茶五品茶具四枚近詩

六十篇因賦詩為謝

黃山谷集有博士王揚休碾密雲龍同事十三人飲之

戲作

晁補之集和答曾敬之秘書見招能賦堂烹茶詩一盞

分來百越春玉溪小暑却宜人紅塵他日同回首能賦

堂中偶坐身

蘸東坡集送周朝議守漢川詩云茶為西南病畦俗記

二李何人折其鋒矯矯六君子注二李杷與稷也六君

子謂師道與姪正儒張永徽吳醇翁呂元鈞宋文輔也

蓋是時蜀茶病民二李乃始儆之人而六君子能持正

論者也

僕在黃州參寥自吳中來訪館之東坡一日夢見參寥

所作詩覺而記其兩句云寒食清明都過了石泉槐火

一時新後七年僕出守錢塘而參寥始卜居西湖智果

寺院有泉出石縫間甘冷宜食寒食之明日僕與客

汎湖自孤山來謁參寥汲泉鑽火烹黃蘖茶忽悟所夢

詩兆於七年之前衆客皆驚歎知傳記所載非虛語也

東坡物類相感志芽茶得鹽不苦而甜又云喫茶多腹

脹以醋解之又云陳茶燒烟蠅速去

楊誠齋集謝傳尚書送茶遠餉新茗當自攜大瓢走汲

溪泉束澗底之散薪然折腳之石鼎烹玉塵啜香乳以

享天上故人之惠愧無胸中之書傳但一味攪破菜園

耳

鄭景龍續宋百家詩本朝孫志舉有訪王主簿同泛菊

茶詩

呂元中豐樂泉記歐陽公既得釀泉一日會客有以新

茶獻者公勅汲泉瀹之汲者道仆覆水僞汲他泉代

公知其非釀泉詰之乃得是泉於幽谷山下因名豐樂

泉

侯鯖錄黃魯直云爛蒸同州羊沃以杏酪食之以匕不

以箸抹南京麫作搋葉冷淘糝以襄邑熟猪肉炊共城

香稻用吳人鱠松江之鱸既飽以康山谷蘸泉烹曾抗

鬭品少馬卧北窻下使人誦東坡赤壁前後賦亦足少

快又見蘸長

公外紀

蘇舜欽傳有興則泛小舟出盤間二門吟嘯覽古渚茶

野釀足以消憂

過庭錄劉貢父知長安妓有茶嬌者以色慧稱貢父惑

之事傳一時貢父被召至闕歐陽永叔出城四十五里

逆之貢父以酒病未起永叔戲之曰非獨酒能病人茶

亦能病人多矣

合璧事類覺林寺僧志崇製茶有三等待客以驚雷莢

自奉以萱草帶供佛以紫茸香凡赴茶者輒以油囊盛

餘澼

江南有驛官以幹事自任白太守曰驛中已理請一閱

之刺史乃往初至一室為酒庫諸醞皆熟其外懸一畫

神問何也曰杜康刺史曰公有餘也又至一室為茶庫

諸茗畢備復懸畫神問何也曰陸鴻漸刺史益喜又至

一室為葅庫諸葅咸具亦有畫神問何也曰蔡伯喈刺

史大笑曰不必置此

江浙間養蠶皆以鹽藏其繭而操絲恐蠶蛾之生也每

繰畢即煎茶葉為汁搗米粉搜之篩於茶汁中煮為粥

謂之洗畈粥聚族以啜之謂益明年之蠶

經鉏堂雜志松聲澗聲山禽聲夜蟲聲鶴聲琴聲棋落

子聲雨滴堦聲雪灑窗聲煎茶聲皆聲之至清者

松漠紀聞燕京茶肆設雙陸局如南人茶肆中置碁具

也

夢梁錄茶肆列花架安頓奇松異檜等物於其上裝飾

店面敲打響盞又冬月添賣七寶擂茶饊子蔥茶茶肆

續茶經

二十九

樓上專安着妓女名曰花茶坊

南宋市肆記 平康歌館凡初登門有提瓶獻茗者雖杯

茶亦犒數千謂之點花茶

諸處茶肆有清樂茶坊八仙茶坊珠子茶坊潘家茶坊

連三茶坊連二茶坊等名

謝府有酒名勝茶

宋都城紀勝 大茶坊皆掛名人書畫人情茶坊本以茶

湯為正水茶坊乃娼家聊設棊凳以茶為由後生輩甘

於費錢謂之乾茶錢又有提茶瓶及齞茶名色

臆乘楊衒之作洛陽伽藍記曰食有酪奴蓋指茶為酪

粥之奴也

娜嬛記昔有客遇茅君時當大暑茅君於手巾內解茶

葉人與一葉客食之五內清涼茅君曰此蓬萊穀陀樹

葉眾仙食之以當飲又有寶文之虆食之不飢故謝幼

貞詩云摘寶文之初蕊拾穀陀之墜葉

揚南峯手鏡載宋時姑蘇女子沈清友有續鮑令暉香

茗賦

孫月峯坡仙食飲錄密雲龍茶極為甘馨宋寥正一字

明曇晚登藴門子瞻大奇之時黄秦晁張號藴門四學

士子瞻待之厚每至必令侍妾朝雲取密雲龍烹以飲

之一日又命取密雲龍家人謂是四學士窺之乃明略

也山谷詩有喬丰雲龍亦茶名

嘉禾志煮茶亭在秀水縣西南湖中景德寺之東禪堂

宋學士蘓軾與文長老嘗三過湖上汲水煮茶後人因

建亭以識其勝今遺趾尚存

名勝志茶仙亭在滁州瑯瑯山宋時寺僧為刺史曾肇

建盏取杜牧池州茶山病不飲酒詩誰知病太守猶得

作茶仙之句子開詩云山僧獨好事為我結茅茨茶仙

榜草聖頗宗樊川詩盏紹聖二年肇知是州也

陳眉公珍珠舡蔡君謨謂范文正曰公採茶歌云黃金

碾畔綠塵飛碧玉甌中翠濤起今茶絕品其色甚白翠

綠乃下者耳欲改為玉塵飛素濤起如何希文曰善

三十一

又蔡君謨嗜茶老病不能飲但把玩而已

潛確類書宋紹興中少卿曹戬避地南昌豐城縣其母

喜茗飲山初無井戩乃齋戒祝天即院堂後斸地纔尺

而清泉溢湧後人名為孝感泉

大理徐恪建人也見貽鄉信鋌子茶茶面印文曰玉蟬

膏一種曰清風使

蔡君謨善別茶建安能仁院有茶生石縫間鋆精品也

寺僧採造得八餅號石巖白以四餅遺君謨以四餅密

遣人走京師遺王內翰禹玉歲餘君謨被召還闕過訪禹

玉禹玉命子弟於茶笥中選精品碾以待蔡蔡捧甌未嘗

輒曰此極似能仁寺石巖白公何以得之禹玉未信索帖

驗之乃服

月令廣義 蜀之雅州名山縣蒙山有五峰峰頂有茶園

中頂最高處曰上清峰有甘露茶昔有僧病冷且久嘗

遇老父詢其病僧具告之父曰何不飲茶僧曰本以茶

冷宣能止乎父曰是非常茶仙家有所謂雷鳴者而亦聞

乎僧曰未也父曰蒙之中頂有茶當以春分前後多搆

人力俟雷之發聲併手採摘以多為貴至三日乃止若

獲一兩以本處水煎服能袪宿疾服二兩終身無病服

三兩可以換骨服四兩即為地仙但精潔治之無不效

者僧因之中頂築室以俟及期獲一兩餘服未竟而病

瘥惜不能久住博求而精健至八十餘氣力不衰時到

城市觀其貌若年三十餘者眉髮紺綠後入青城山不

知所終今四頂茶園不廢惟中頂草木繁茂重雲積霧

蔽亏日月鸷兽时出人迹罕到矣

太平清话 张文规以吴兴白学白蘋洲明月峡中茶为

三绝文规好学有文藻蘖子由孔武仲何正臣诸公皆

与之游

夏茂卿茶董 刘煜字子仪尝与刘筠饮茶问左右汤滚

也未衆曰已滚筠云俟曰鲠哉煜应声曰吾与点也

黄鲁直以小龙团半铤题诗赠晁无咎有云曲几蒲团

听煮汤煎成车声绕羊肠鸡蘖胡麻留渴羌不应乱我

官焙香東坡見之曰黃九恁地怎得不窮

陳詩教灌園史杭妓周韶有詩名好蓄奇茗嘗與蔡君

謨鬪勝題品風味君謨屈焉

江參字貫道江南人形貌清癯嗜香茶以為生

博學彙書司馬溫公與子瞻論茶墨云茶與墨二者正

相反茶欲白墨欲黑茶欲重墨欲輕茶欲新墨欲陳蘇

曰上茶妙墨俱香是其德同也皆堅是其操同也公嘆

以為然

元耶律楚材詩在西域作茶會值雪有高人惠我嶺南茶爛賞飛花雪沒車之句

雲林遺事光福徐達左搆養賢樓於鄧尉山中一時名士多集於此元鎮為尤數焉嘗使童子入山擔七寶泉以前桶煎茶以後桶濯足人不解其意或問之曰前者無觸故用煎茶後者或為泄氣所穢故以為濯足之用其潔癖如此

陳繼儒妮古錄至正辛丑九月三日與陳徵君同宿愚

續茶經

三十四

67

菴師房焚香煮茗圖石梁秋瀑脩然有出塵之趣黃鶴

山人王蒙題畫

周叙遊嵩山記見會善寺中有元雪菴頭陀茶牓石刻

字徑三寸許遒偉可觀

鍾嗣成錄鬼簿王實甫有蠻小郎月夜販茶船傳奇

吳興掌故錄明太祖喜顧渚茶定制歲貢止三十二斤

於清明前二日縣官親詣採茶進南京奉先殿焚香而

已未嘗別有上供

七修彙藁 明洪武二十四年詔天下產茶之地歲有定

額以建寧為上聽茶戶採進勿預有司茶名有四探春

先春次春紫筍不得碾採為大小龍團

揚維楨煮茶夢記鐵崖道人卧石牀移二更月微明及

紙帳梅影亦及半窓崔孤立不鳴命小芸童汲白蓮泉

燃槁湘竹採以凌霄芽為飲供乃遊心太虛恍兮入夢

陸樹聲茶寮記園居敞小寮於嘯軒埤垣之西中設茶

竈凡瓢汲罌注濯拂之具咸庀擇一人稍通茗事者主

之一人佐吹汲客至則茶煙隱隱起竹外其禪客過從

予者與余相對結跏趺坐啜茗汁舉無生話時杪秋既

望適園無諍居士與五臺僧演鎮終南僧明亮同試天

池茶於茶寮中漫記

墨蛾小錄 千里茶細茶一兩五錢孩兒茶一兩柿霜一

兩粉草末六錢薄荷葉三錢右為細末調勻煉蜜丸如

白豆大可以代茶便於行遠

湯臨川題飲茶錄陶學士謂湯者茶之司命此言最得

三昧馮祭酒精於茶政手自料滌然後飲客客有笑者

余戲解之云此正如美人又如古法書名畫度可著俗

漢手否

陸鈗病逸漫記東宮出講必使左右迎請講官講畢則

語東宮官云先生吃茶

玉堂叢語愧齋陳公性寬坦在翰林時夫人嘗試之會

客至公呼茶夫人曰未煮公曰也罷又呼曰乾茶夫人

曰未買公曰也罷客為捧腹時號陳也罷

沈周客座新聞吳僧大機所居古屋三四間潔淨不容

唾善瀹茗有古井清冽為稱客至出一甌為供飲之有

滌腸潪胃之奐先公與交甚久亦嗜茶每入城必至其

所

沈周書岕茶別論後自古名山留以待羈人遷客而茶

以資高士蓋造物有深意而周慶叔者為岕茶別論以

行之天下度銅山金穴中無此福又恐仰屠門而大嚼

者未必領此味慶叔隱居長興所至載茶具邀余素甌

黃葉間共相欣賞恨鴻漸君謨不見慶叔耳為之覆茶

三嘆

馮夢禎快雪堂漫録李于鱗為吾浙按察副使徐子與

以岕茶之最精飾之比看子與於昭慶寺問及則巳賞

早後矣蓋岕茶葉大梗多于鱗北士不遇宜也紀之以

癸一笑

閔元衡玉壺冰良宵燕坐簹燈煮茗萬籟俱寂疏鐘時

聞當此情景對簡編而忘疲徹衾枕而不御一樂也

三十七

甌江逸志永嘉歲進茶芽十斤樂清茶芽五斤瑞安平

陽歲進亦如之

雁山五珍龍湫茶觀音竹金星草山樂官香魚也茶即

明茶紫色而香者名玄茶其味皆似天池而稍薄

王世懋二酉委譚余性不耐冠帶暑月尤甚豫章天氣

蚤熱而今歲尤甚春三月十七日觴客於滕王閣日出

如火流汗接踵頭涔涔幾不知所措歸而煩悶婦為具

湯沐便科頭裸身赴之時西山雲霧新茗初至張右伯

適以見遺茶色白大作豈子香幾與虎邱埒余時浴

出露坐明月下甌命侍兒汲新水烹嘗之覺沆瀣入咽

兩腋風生念此境味都非宦路所有琳泉蔡先生老而

嗜茶尤甚於余時巳就寢不可邀之共啜晨起復烹遺

之然巳作第二義矣追憶夜來風味書一通以贈先生

湯恬小品王璉昌邑人洪武初為寧波知府有給事來

謁具茶給事為客居間公大呼撤去給事慚而退因號

撤茶太守

臨安志 棲霞洞內有水洞深不可測水極甘列魏公嘗

調以瀹茗

西湖志餘 杭州先年有酒館而無茶坊然富家燕會猶

有專供茶事之人謂之茶博士

潘子真詩話 葉濤詩極不工而喜賦咏嘗有試茶詩云

碾成天上龍焙鳳煮出人間蟹與蝦好事者戲云此非

試茶乃碾玉匠人嘗南食也

董其昌容臺集 蔡忠惠公進小團茶至為藉文忠公所

讥谓与钱思公进姚黄花同失士气然宋时君臣之际情

意蔼然犹见於此且君谟未尝以贡茶干宠第点缀太

平世界一段清事而巳东坡书欧阳公滁州二记知其

不肯书茶录余以藕法书之为公忏悔不则蛰龙诗句

几临汤火有何罪过凡持论不大远人情可也

金陵春卿署中时有以松萝茗相贻者平平耳归来山

馆得啜尤物询知为阆汶水所蓄汶水家在金陵与余

相及海上之鸥舞而不下盖知希为贵鲜遊大人者昔

陸羽以精茗事為貴人所悔作毀茶論如汲水者知其

終不作此論矣

李日華六研齋筆記攝山棲霞寺有茶坪茶生榛莽中

非經人剪植者唐陸羽入山采之皇甫冉作詩送之

紫桃軒雜綴泰山無茶茗山中人摘青桐芽點飲號女

兒茶又有松岩極饒奇韻

鍾伯敬集茶訊詩云猶得年年一度行嗣音章借采茶

名伯敬與徐波元歎交厚吳楚風烟相隔數千里以買

茶為名一年通一訊遂成佳話謂之茶訊

茶供說

婁江逸人朱汝圭精於茶事殆將以茶隱者也
欲求為之記願歲歲採渚山青芽為余作供余觀楞嚴
壇中設供取白牛乳砂糖純蜜之類西方沙門婆羅門
以葡萄甘蔗漿為上供未有以茶供者鴻漸長於茖蓂
者也茖山禪伯也而鴻漸茶經茖山茶歌俱不云供佛
西土以貫花燃香供佛不以茶供斯亦供養之缺典也
汝圭益精心治辦茶事金芽素瓷清净供佛他生受報

往生香國以諸妙香而作佛事豈但如丹邱羽人飲茶

生羽翼而巳哉余不敢當汝圭之茶供請以茶供佛後

之精於茶道者以采茶供佛為佛事則自余之諗汝圭

始爱作茶供說以贈

留茶

五燈會元 摩突羅國有一青林枝葉茂盛地名曰優

僧問如寶禪師曰如何是和尚家風師曰飯後三碗茶

僧問谷泉禪師曰未審客來如何祇待師曰雲門胡餅

趙州茶

淵鑒類函　鄭愚茶詩有嫩芽香且靈吾謂草中英夜臼和

烟搗寒爐對雪烹因謂茶曰草中英

素馨花曰裨茗陳白沙素馨記以其能少裨於茗耳一

名那悉茗花

佩文韻府　元好問詩注唐人以茶為小女美稱

黔南行紀陸羽茶經紀黃牛峽茶可飲因令舟人求之

有嫗賣新茶一籠與艸葉無異山中無好事者故耳

初余在峽州問士大夫黃陵茶皆云㾕澀不可飲試問

小吏云唯僧茶味善令求之得十餅價甚平也攜至黃

牛峽置風爐清樾間身自候湯手拊得味既以享黃牛

神且酌元明堯夫云不減江南茶味也乃知夷陵士大

夫以貌取之耳

九華山錄至化城寺謁金地藏塔僧祖瑛獻土產茶味

可敵北苑

馮時可茶錄松郡佘山亦有茶與天池無異顧採造不

如近有此邱來以虎邱法製之味與松蘿等老衲亟逐

之曰毋為此山開疆徑而置火坑

骨巢民芥茶彙鈔憶四十七年前有吳人柯姓者熟於

陽羨茶山每桐初露白之際為余入芥箬籠携來十餘

種其最精妙者不過斤許數兩耳味老香深具芝蘭金

石之性十五年以為恒後宛姬從吳門歸余則芥片必

需半塘顧子薰黃熟香必金平叔茶香雙妙更入精微

然顧金茶香之供每歲必先虞山柳夫人吾邑隴西之

舊姬與余共宛姬而後他及

金沙于象明携岕茶來絶妙金沙之于精鑒賞甲於江

南而岕山之棋盤頂久歸于家每歲其尊人必躬往採

製令夏携來廟後棋頂漲沙本山諸種各有差等然道

地之極真極妙二十年所無又辨水候火與手自洗烹

之細潔使茶之色香性情從文人之奇嗜異好一一淋

漓而出誠如丹邱羽人所謂飲茶生羽翼者真衰年稱

心樂事也

吳門七十四老人朱汝圭攜茶過訪與象明頗同多花

香一種汝圭之嗜茶自幼如世人之結齋於胎年十四

入岕迄今春夏不渝者百二十番夺食色以好之有子

孫為名諸生老不受其養謂不嗜茶為不似阿翁每竦

骨入山臥遊虎呃負籠入肆嘯傲甌香晨夕滌甆洗葉

啜弄無休指爪齒頰與語言激揚讚頌之津津恒有喜

神妙氣與茶相長養真奇癖也

嶺南雜記潮州燈節飾姹童為采茶女每隊十二人或

八人手挈花籃迭進而歌俯仰抑揚備極妖妍又以少

長者二人為隊首擎綵燈綴以扶桑茉莉諸花采女進

退作止皆視隊首至各衙門或巨室唱歌齎以銀錢酒

果自十三夕起至十八夕而止余錄其歌數首頗有前

溪子夜之遺

張大復梅花筆談歙人閔汶水居挑葉渡上予往品茶其

家見其水火皆自任以小酒盞酌客頗極意飲態正如

德山擔青龍鈔高自矜許而已不足異也秣陵好事者

嘗詣閩無茶謂閩客得閩茶咸製為羅囊佩而嗅之

以代旃檀實則閩不重汶水也閩客游秣陵者宋比玉

洪仲章輩類依附吳兒強作解事賤家雞而貴野鶩宜

為其所誚歟三山薛老亦秦淮汶水也薛嘗言汶水假

他味作蘭香究使茶之真味盡失汶水而在閩此亦當

色沮薛嘗住岕自為剪焙遂欲駕汶水上余謂茶難

以香名況以蘭定茶乃咫尺見也頗以薛老論為善

延邵人呼製茶人為碧豎富沙陌後碧豎盡在綠林中

矣

蔡忠惠茶録石刻在甌寧邑庠壁間予五年前捐數紙

寄所知今漫漶不如前矣

閩酒數郡如一茶亦類是今年予得茶甚夥學坡公義

酒事盡合為一然與未合無異也

也

李仙根安南雜記交趾稱其貴人曰翁茶翁茶者大官

虎邱茶經補注徐天全自金齒謫囘每春末夏初入虎

邱開茶社

羅光璽作虎邱茶記嘲山僧有替身茶

吳匏菴與沈石田遊虎邱采茶手煎對啜自言有茶癖

漁洋詩話林確齋者亡其名江右人居冗石率子孫種

茶躬親畚鍾負擔夜則課讀毛詩離騷過冗石者見三

四少年頭著一幅布赤脚揮鋤琅然歌出金石竊嘆以

為古圖畫中人

王草堂茶說宋北苑茶之精者名白乳頭金蠟面

朱彝尊曰下舊聞上巳後三日新茶從馬上至至之日

宮價五十金外價二三十金不一二日即二三金矣見

北京歲華記

曝書亭集錫山聽松菴僧性海製竹火爐王舍人過而

愛之為作山水橫幅并題以詩歲久爐壞盛太常因而

更製流傳都下羣公多為吟咏顧梁汾典籍仿其遺式

製爐及來京師成容若侍衛以舊圖贈之丙寅之秋梁

汾携爐及卷過余海波寺寓適姜西溟周青士孫愷似

三子亦至坐青藤下燒爐試武夷茶相與聯句成四十

韻用書於冊以示好事之君子

蔡方炳增訂廣輿記 湖廣長沙府攸縣古蹟有茶王城

即漢茶陵城也

葛萬里清異錄 倪元鎮飲茶用果按者名清泉白石非

佳客不供有客請見命進此茶客渴再及而盡倪意大

悔放盞入內

黃周星九烟夢讀採茶賦只記一句云施凌雲以翠步

別號錄宋曾機吾甫別號茶山明許應元子春別號茗

山

別號錄武夷五曲朱文公書院內有茶一株葉有臭蟲

氣及焙製出時香遍他樹名曰臭葉香茶又有老樹數

株云係文公手植名曰宋樹

補西湖遊覽志立夏之日人家各烹新茗配以諸色細

果餉送親戚比鄰謂之七家茶

南屏謙師妙於茶事自云得心應手非可以言傳學到

者

劉士亨有謝璘上人惠桂花茶詩云金粟金芽出焙籠

鶴邊小試兔絲甌葉含雷信三春雨花帶天香八月秋

味美絕勝陽羨種神清如在廣寒遊玉川句好無才續

我欲逃禪問趙州

李世熊寒支集新城之山有異鳥其音茗簫遂名曰簫

曲山山產佳茗亦名簫曲茶因作歌紀事

禪玄顯教編徐道人居廬山天池寺不食者九年矣畜

一墨羽鶴嘗採山中新茗令鶴銜松枝烹之遇道流輒

相與飲幾椀

張鵬翀抑齋集有

御賜鄭宅茶賦云青雲羞接於後塵白日捧歸乎深殿從

容步緩膏芬齊出蝤頭肅穆神凝乳滴將開蠟面用以

濡毫可織文章之草將之比德勉為精白之臣

續茶經卷下之三

續茶經卷下之四

候補主事陸廷燦撰

八之出

國史補風俗貴茶其名品益眾南劒有蒙頂石花或小

方散芽號為第一湖州顧渚之紫筍東川有神泉小團

綠昌明獸目峽州有小江園碧澗寮明月房茱萸寮福

州有栢巖方山露芽婺州有東白舉巖碧貌建安有青

鳳髓夔州有香山江陵有楠木湖南有衡山睦州有鳩

坑洪州有西山之白露壽州有霍山之黃芽綿州之松

嶺雅州之露芽南康之雲居彭州之仙崖石花渠江之

薄片邛州之火井思安黔陽之都濡高株瀘川之納溪

梅嶺義興之陽羨春池陽鳳嶺皆品第之最著者也

文獻通考片茶之出於建州者有龍鳳石乳的乳白乳

頭金蠟面頭骨次骨末骨麤骨山挺十二等以充歲貢

及邦國之用泊本路食茶餘州片茶有進寶雙勝寶山

兩府出興國軍仙芝嫩蕊福合祿合運合脂合出饒池

州泥片出虔州綠英金片出袁州玉津出臨江軍靈川

出福州先春早春華英來泉勝金出歙州獨行靈草綠

芽片金金茗出潭州大拓枕出江陵大小巴陵開勝開

捲小捲生黃翎毛出岳州雙上綠牙大小方出岳辰澧

州東首淺山薄側出光州總二十六名其兩浙及宣江

鄂州止以上中下或第一至第五為號其散茶則有太

湖龍溪次號末號出淮南岳麓草子楊樹雨前雨後出

二

97

荆湖清口出歸州茗子出江南總十一名

葉夢得避暑錄話北苑茶正所產為曾坑謂之正焙非

曾坑為沙溪謂之外焙二地相去不遠而茶種懸絕沙

溪色白過於曾坑但味短而微澀識者一啜如別涇渭

也余始疑地氣土宜不應頓異如此及來山中每開闢

徑路剗治巖實有尋丈之間土色各殊肥瘠繁緩燥潤

亦從而不同並植兩木於數步之間封培灌溉畧等而

生死豐悴如二物者然後知事不經見不可必信也草

茶極品惟雙井顧渚亦不過各有數畝雙井在分寧

縣其地屬黃氏魯直家也元祐間魯直力推賞於京師

族人交致之然歲僅得一二斤爾顧渚在長興縣所謂吉

祥寺也其半為今劉侍郎希范家所有兩地所產歲亦

止五六斤近歲寺僧求之者多不暇精擇不及劉氏遠

甚余歲求於劉氏過半斤則不復佳蓋茶味雖均其精

者在嫩芽取其初萌如雀舌者謂之槍稍敷而為葉者

謂之旗旗非所貴不得巳取一槍一旗猶可過是則老

矣此所以為難得也

歸田錄 臘茶出於劍建草茶盛於兩浙兩浙之品日注

為第一自景祐以後洪州雙井白芽漸盛近歲製作尤

精囊以紅紗不過一二兩以常茶十數斤養之用辟暑

濕之氣其品遠出日注上遂為草茶第一

雲麓漫鈔 茶出浙西湖州為上江南常州次之湖州出

長興顧渚山中常州出義興君山懸腳嶺北岸下等處

蔡寬夫詩話 玉川子謝孟諫議寄新茶詩有手閱月團

三百片及天子須嘗陽羨茶之句則孟所寄乃陽羨茶也

揚文公談苑蠟茶出建州陸羽茶經尚未知之但言福建等州未詳往往得之其味極佳江左近日方有蠟面之號丁謂北苑茶錄云荊造之始莫有知者質之三館檢討杜鎬亦曰在江左日始記有研膏茶歐陽公歸田錄亦云出福建而不言所起按唐氏諸家說中往往有蠟面茶之語則是自唐有之也

事物記原江左李氏別令取茶之乳作片或號京鋌的

乳及骨子等是則京鋌之品自南唐始也苑錄云的乳

以降以下品雜錬售之唯京師去者至真不雜意由此

得名或曰自開寶來方有此茶當時識者云金陵僣國

唯日都下而以朝廷為京師今忽有此名其將歸京師

乎

羅廩茶解按唐時產茶地僅僅如李疋所稱而今之虎

邱羅岕天池顧渚松羅龍井鴈宕武夷靈川大盤日鑄

朱溪諸名茶無一與焉乃知靈草在在有之培植不嘉

或疎於採製耳

潛確類書 茶譜袁州之界橋其名甚著不若湖州之研

膏紫筍烹之有綠脚垂下又婺州有舉岩茶片片方細

所出雖少味極甘芳煎之如碧玉之乳也

農政全書 玉壘關外寶唐山有茶樹產懸崖筍長三寸

五寸方有一葉兩葉涪州出三般茶最上賓化其次白

馬最下涪陵

煮泉小品茶自浙以北皆較勝惟閩廣以南不惟水不

可輕飲而茶亦當慎之昔鴻漸未詳嶺南諸茶但云往

往得之其味極佳余見其地多瘴癘之氣染著水草北

人食之多致成疾故謂人當慎之也

茶譜通考岳陽之含膏冷劍南之綠昌明斷門之團黃

蜀川之雀舌巴東之真香夷陵之壓磚龍安之騎火

江南通志巄州府吳縣西山產茶穀雨前來焙極細者

販于市爭先騰價以雨前為貴也

吳郡虎邱志虎邱茶僧房皆植名聞天下穀雨前摘

細芽焙而烹之其色如月下白其味如荳花香近因官

司征以餽遠山僧供茶一片費用銀數錢是以苦於貴

送樹不修葺甚至刈斫之因以絶少

米襄陽志林藋州穹窿山下有海雲巷菴中有二茶樹

其二株皆連理蓋二百餘年矣

姑藋志虎邱寺西產茶朱安雅云今二山門西偏本名

茶嶺

陳眉公太平清話洞庭中西盡處有仙人茶乃樹上之

苔蘚也四皓采以為茶

圖經續記洞庭小青山塢出茶唐宋入貢下有水月寺

因名水月茶

古今名山記支硎山茶塢多種茶

隨見錄洞庭山有茶微似岕而細味甚甘香俗呼為嚇

殺人產碧螺峯者尤佳名碧螺春

松江府志佘山在府城北舊有佘姓者修道於此故名

山產茶與笋並美有蘭花香味故陳眉公云佘鄉佘

山茶與虎邱相伯仲

常州府志武進縣章山麓有茶巢嶺唐陸龜蒙嘗種

茶於此

天下名勝志南岳古名陽羨山即君山北麓孫皓既封

國後遂禪此山為岳故名唐時產茶克貢即所云南岳

貢茶也

常州宜興縣東南別有茶山唐時造茶入貢又名唐貢

山在縣東南三十五里均山鄉

武進縣志茶山路在廣化門外十里之內大墩小墩連

綿簇擁有山之形唐代湖常二守會陽羨造茶修貢由

此往迓故名

此往迓故名

檀几叢書茗山在宜興縣西南五十里永豐鄉皇甫曾

有送羽南山采茶詩可見唐時貢茶在茗山矣

唐李栖筠守常州日山僧獻陽羨茶陸羽品為芬芳冠

世產可供上方遂置茶舍於洞靈觀歲造萬兩入貢後

韋夏卿徙於無錫縣卷畫谿上去湖泣一里所許有穀

詩云陸羽名荒舊茶舍卻教陽羨置郵忙是也

義興南岳寺唐天寶中有白蛇銜茶子墜寺前寺僧種

之庵側由此滋蔓茶味倍佳號曰蛇種土人重之每歲

爭先餉遺官司需索脩貢不絕迨今方春采茶清明日

縣令躬享白蛇於卓錫泉亭隆厥典也後來檄取山農

苦之故袁高有陰嶺茶未吐使者牒已頻之句郭三益

詩官符星火催春焙卻使山僧怨白蛇盧仝茶歌安知

百萬億蒼生命墜巔崖受辛苦可見貢茶之累民亦

自古然矣

洞山茶系羅岕去宜興而南踰八九十里浙直分界只

一山岡岡南即長興山兩峯相阻介就夷曠者人呼為

岕云履其地始知古人制字有意今字書岕字但注云

山名耳有八十八處前橫大磵水泉清駛漱潤茶根泄

山土之肥澤故洞山為諸岕之最自西泏㳿漲渚而入

取道茗嶺甚險惡 縣西南八十里 自東泏㳿湖汊而入取道邅

嶺稍夷才通車騎所出之茶厥有四品

第一品老廟後廟祀山之土神者瑞草叢鬱殆比茶星

胙釁矣地不下二三畝苕溪姚象先與婿分有之茶皆

古本每年產不過二十斤色淡黃不綠葉筋淡白而厚

製成梗絕少入湯色柔白如玉露味甘芳香藏味中空

濛深永啜之愈出致在有無之外

第二品新廟後棋盤頂紗帽頂手巾條姚八房及吳江

周氏地產茶亦不能多香幽色白味冷雋與老廟不甚

別啜之差覺其薄耳此皆洞頂岕也總之岕品至此清

如孤竹和如柳下並入聖矣今人以色濃香烈為岕茶

真耳食而睞其似也

第三品廟後溌沙大袁頭姚洞羅洞主洞㳠洞白石

第四品下溌沙梧桐洞余洞石塌了頭岕留青岕黃龍

巖竈龍池此皆平洞本岕也

外山之長潮青口箬莊顧渚茅山岕俱不入品

岕茶彙鈔洞山茶之下者香清葉嫩著水香消棋盤頂

紗帽頂雄鴛頭茗嶺皆產茶地諸地有老柯嫩柯惟

老廟後無二梗葉叢密香不外散稱為上品也

鎮江府志潤州之茶傲山為佳

寰宇記揚州江都縣蜀岡有茶園茶甘吉如蒙頂蒙頂

在蜀故以名岡上有時會堂春貢亭皆造茶所今廢見

毛文錫茶譜

宋史食貨志散茶出淮南有龍溪雨前雨後之類

安慶府志六邑俱產茶以桐之龍山潛之閔山者為最

蔣茶源在潛山縣香茗山在太湖縣大小茗山在望江

縣

隨見錄宿松縣產茶嘗之頗有佳種但製不得法尚別

其地辨其等製以能手品不在六安下

徽州志茶產於松蘿而松蘿茶乃絶少其名則有勝金

嫩桑仙芝來泉先春運合華英之品其不及號者為片

茶八種近歲茶名細者有雀舌蓮心金芽次者為芽下

白為走林為羅公又其次者為開園為軟枝為大方製

名號多端皆松蘿種也

吳從先茗說松蘿子土產也色如梨花香如荳蘂飲

如嚼雪種愈佳則色愈白即經宿無茶痕固足美也

秋露白片子更輕清茗空但香大惹人難久貯非當家

不能藏耳真者其妙若此畧澀他地一片色遂作惡不

可觀矣然松蘿地如掌所產幾許而求者四方雲至安

得不以他澀耶

黃山志蓮花巷旁就石縫養茶多輕香冷韻襲人斷

鄂

昭代叢書張潮云吾鄉天都有抹山茶茶生石閒非人

力所能培植味淡香清足稱仙品採之甚難不可多得

隨見錄松蘿茶近稱紫霞山者為佳又有南源北源名

色其松蘿真品殊不易得黃山絕頂有雲霧茶別有風

味超出松蘿之外

通志寧國府屬宣涇寧旌太諸縣各山俱產松蘿

名勝志寧國縣鵶山在文脊山北產茶克貢茶經云味

與蘄州同宋梅詢有茶煮鸚山雪滿甌之句今不可復

得矣

農政全書宣城縣有丁山形如小方餅橫鋪茗芽產其

上其山東為朝日所燭號曰陽坡其茶最勝太守薦之

京洛人士題曰丁山陽坡橫文茶一名瑞草魁

南方草木狀宛陵茗池源茶根株頗碩生於陰谷春夏

之交方發萌芽莖條雖長旗槍不展乍紫乍綠天聖初

郡守李虛已仝太史梅詢嘗試之品以為建溪顧渚不

如也

隨見錄宣城有綠雪芽亦松蘿一類又有翠屏等名色

其涇川涂茶芽細色白味香為上供之物

通志池州府屬青陽石埭建德俱產茶貴池亦有之九

華山閔公墓茶四方稱之

九華山志金地茶西域僧金地藏所植今傳枝梗空筒

者是大抵烟霞雲霧之中氣常溫潤與地上者不同味

自異也

通志廬州府屬六安霍山並產名茶其最著惟白芽貢

尖即茶芽也每歲茶出知州具本茶進

六安州有小峴山出茶名小峴春為六安極品霍山有

梅花片乃黃梅時摘製色香兩薰而味稍薄又有銀針

丁香松蘿等名色

紫桃軒雜綴　余生平慕六安茶適一門生作被中守寄

書託求數兩竟不可得殆絕意乎

陳眉公筆記　雲桑茶出瑯琊山茶類桑葉而小山僧焙

而藏之其味甚清

廣德州建平縣雅山出茶色香味俱美

浙江通志杭州錢塘富陽及餘杭徑山多產茶

天中記杭州寶雲山出者名寶雲茶下天竺香林洞者

名香林茶上天竺白雲峯者名白雲茶

田子藝云龍泓今稱雲井因其深也郡志稱有龍居之

非也蓋武林之山皆發源天目有龍飛鳳舞之讖故西

湖之山以龍名者多非真有龍居之也有龍則泉不可

食芙泓上之閣巫宜去之浣花諸池尤所當浚

湖壖雜記龍井產茶作荳花香與香林寶雲石人塢垂

雲亭者絕異採於穀雨前者尤佳啜之淡然似乎無味

飲過後覺有一種太和之氣瀰淪於齒頰之間此無味

之味乃至味也為益於人不淺故能療疾其貴如珍不

可多得

坡仙食飲錄寶嚴院垂雲亭亦產茶僧怡然以垂雲茶

見餉坡報以大龍團

續茶經

十四

陶穀清異錄　開寶中賣儀以新茶鮑子味極美盦面標

云龍坡山子茶龍坡是顧渚山之別境

吳興掌故　顧渚左右有大小官山皆為茶園明月峽在

顧渚側絕壁削立大澗中流亂石飛走茶生其間尤為

絕品張文規詩所謂明月峽中茶始生是也

顧渚山相傳以為吳王夫差於此顧望原隰可為城邑

故名唐時其左右大小官山皆為茶園造茶克貢故其

下有貢茶院

蔡寬夫詩話湖州紫筍茶出顧渚在常湖二郡之間以

其萌茁紫而似筍也每歲入貢以清明日到先薦宗廟

後賜近臣

馮可賓岕茶牋 環長興境產茶者曰羅岕曰白巖曰烏

瞻曰青東曰顧渚曰篠浦不可指數獨羅岕最勝環岕

境十里而遙為岕者亦不可指數而曰岕兩山之介

也羅隱隱此故名在小秦王廟後所以稱廟後羅岕也

洞山之岕南面陽光朝旭夕輝雲滃霧浡所以味過

別也

名勝志茗山在蕭山縣西三里以山中出佳茗也又上

虞縣後山茶亦佳

方輿覽勝會稽有日鑄嶺嶺下有寺名資壽其陽坡名

油車朝暮常有日茶產其地絕奇歐陽文忠云兩浙草

茶日鑄第一

紫桃軒雜綴普陀老僧貽余小白巖茶一裹葉有白茸

瀹之無色徐引覺凉透心腑僧云本巖歲止五六斤專

供大士僧得啜者寡矣

普陀山志茶以白華巖頂者為佳

天台記丹邱出大茗服之生羽翼

桑莊茹芝續譜天台茶有三品紫凝魏嶺小溪是也今

諸處並無出產而土人所需多來自西坑東陽黃坑等

處石橋諸山近亦種茶味甚清甘不讓他郡蓋出自名

山霧中宜其多液而全厚也但山中多寒萌發較遲燕

之做法不佳以此不得取勝又所產不多僅足供山居

而已

天台山志 葛仙翁茶圃在華頂峯上

羣芳譜 安吉州茶亦名紫笋

通志 茶山在金華府蘭溪縣

廣輿記 鳩坑茶出嚴州府淳安縣方山茶出衢州府龍

游縣

勞大與甌江逸志 浙東多茶品雁宕山稱第一每歲穀

雨前三日採摘茶芽進貢一槍兩旗而白毛者名曰明

茶穀雨日採者名雨茶一種紫茶其色紅紫其味尤佳香

氣尤清又名玄茶其味皆似天池而稍薄難種薄收土

人厭人求索園圃中少種間有之亦為識者取去按盧

仝茶經云溫州無好茶天台瀑布甌水味薄唯雁宕山

水為佳此山茶亦為第一日去腥膩除煩惱却昏散消

積食但以錫瓶貯者得清香味不以錫瓶貯者其色雖

不堪觀而滋味且佳同陽羨山芥茶無二無別採摘近

夏不宜早炒做宜熟不宜生如法可貯二三年愈佳愈

能消宿食醒酒此為最者

王草堂茶說溫州中塁及漈上茶皆有名性不寒不熱

屠粹忠三才藻異舉巖嶳茶也片片方細煎如碧乳

江西通志茶山在廣信府城北陸羽嘗居此

洪州西山白露鶴嶺號絕品以紫清香城者為最及雙

井茶芽即歐陽公所云石上生茶如鳳爪者也又羅漢

茶如苴齒因靈觀尊者自西山持至故名

南昌府志新建縣鷟岡西有鶴嶺雲物鮮美草木秀潤

產名茶異於他山

通志瑞州府出茶芽廖邅十咏呼為雀舌香焙云其餘

臨江南安等府俱出茶廬山亦產茶

袁州府界橋出茶今稱仰山稠平木平者佳稠平者尤

妙

贛州府寧都縣出林岕乃一林姓者以長指甲炒之采

製得法香味獨絕因之得名

名勝志茶山寺在上饒縣城北三里按圖經即廣教寺

中有茶園數畝陸羽泉一勻羽性嗜茶環居皆植之烹

以是泉後人遂以廣教寺為茶山寺云宋有茶山居士

曾吉甫名幾以兄開忤秦檜奉祠僑居此寺凡七年杜

門不問世故

丹霞洞天志建昌府麻姑山產茶惟山中之茶為上家

園植者次之

饒州府志浮梁縣陽府山冬無積雪凡物早成而茶尤

殊異金君卿詩云聞雷巳薦雞鳴筍未雨先嘗雀舌茶

130

以其地暖故也

通志 南康府出匡茶香味可愛茶品之最上者

九江府彭澤縣九都山出茶其味暑似六安

廣輿記 德化茶出九江府又崇義縣多產茶

吉安府志 龍泉縣匡山有苦齋章溢所居四面峭壁其下多白雲上多北風植物之味皆苦野蜂巢其間采花釀作蜜味亦苦其茶苦於常茶

羣芳譜 太和山騫林茶初泡極苦澀至三四泡清香特

131

異人以為茶寶

福建通志福州泉州建寧延平興化汀州邵武諸府俱

產茶

合璧事類建州出大片方山之芽如紫筍片大極硬須

湯浸之方可碾治頭痛江東老人多服之

謝肇淛五雜組鼓山半巖茶色香風味當為閩中第一

不讓虎邱龍井也雨前者每兩僅十錢其價廉甚一云

前朝每歲進貢至楊文敏當國始奏罷之然近來官取

其擾甚於進貢矣

柏巖福州茶也巖即柏梁臺

興化府志仙遊縣出鄭宅茶真者無幾大都以贋者雜之雖香而味薄

陳懋仁泉南雜志清源山茶青翠芳馨超軼天池之上

南安縣英山茶精者可亞虎邱惜所產不若清源之多

也閩地氣暖桃李冬花故茶較吳中差早

延平府志撥毛茶出南平縣半巖者佳

建寧府志北苑在郡城東先是建州貢茶首稱北苑龍

團而武夷石乳之名未著至元時設塲於武夷遂與北

苑並稱今則但知有武夷不知有北苑矣吳越間人頗

不足閩茶而甚艷北苑之名不知北苑實在閩也

宋無名氏北苑別錄建安之東三十里有山曰鳳凰其

下直北苑旁攔諸焙厥土赤壤厥茶惟上上太平興國

中初為御焙歲模龍鳳以羞貢篚益表珍異慶歷中漕

臺益重其事品數日增制度日精厥令茶自北苑上者

獨冠天下非人間所可得也方其春蟲震蟄羣夫雷動

一時之盛誠為大觀故建人謂至建安而不詣北苑與

不至者同僕因攝事遂得研究其始末姑摭其大槩修

為十餘類目曰北苑別錄云

御園

九窠十二壠　麥窠　壞園

龍游窠　小苦竹　苦竹裏

雞藪窠　苦竹　苦竹源

語鼠窠	教練隴	鳳凰山
大小焊	橫坑	猿游隴
張坑	帶園	焙東
中歴	東際	西際
官平	石碎窠	上下官坑
虎膝窠	樓隴	蕉窠
新園	天樓基	院坑
曾坑	黃際	馬安山

林園　和尚園　黃淡窠

吳彥山　羅漢山　水桑窠

銅塲　師如園　靈滋

苑馬園　高畬　大窠頭

小山

右四十六所廣袤三十餘里自官平而上為

內園官坑而下為外園方春靈芽萌拆先民

焙十餘日如九窠十二隴龍游窠小苦竹張

坑西際又為禁園之先也

東溪試茶錄

舊記建安郡官焙三十有八丁氏舊錄云
官私之焙千三百三十有六而獨記官焙三十二東山
之焙十有四北苑龍焙一乳橘內焙二乳橘外焙三重
院四壑嶺五渭源六范源七巌口八東宮九石坑十連
溪十一香口十二火梨十三開山十四南溪之焙十有
二下瞿一濛洲東二汾東三南溪四斯源五小香六際
會七謝坑八沙龍九南鄉十中瞿十一黃熟十二西溪

之焙四慈善西一慈善東二慈惠三船坑四北山之焙

二慈善東一豐樂二　外有曾坑石坑壑源葉源佛嶺

沙溪等處惟壑源之茶甘香特勝

茶之名有七一曰白茶民間大重出於近歲園焙時有

之地不以山川遠近發不以社之先後芽葉如紙民間

以為茶瑞取其第一者為鬭茶次曰柑葉茶樹高丈餘

徑頭七八寸葉厚而圓狀如柑橘之葉其芽發即肥乳

長二寸許為食茶之上品三曰早茶亦類柑葉發常先

春民間採以為試焙者四日細葉茶葉比柑葉細薄樹

高者五六尺芽短而不肥乳今生沙溪山中蓋土薄而

不茂也五日稽茶葉細而厚密芽晚而青黃六日晚茶

蓋稽茶之類發比諸茶較晚生於社後七日叢茶亦曰

叢生茶高不數尺一歲之間發者數四貧民取以為利

品茶要錄

窒源沙溪其地相背而中隔一嶺其去無數

里之遙然茶產頗殊有能出力移栽植之亦為風土所

化竊嘗怪茶之為草一物耳其勢必猶得地而後異豈

140

水絡地脉偏鍾粹於壑源而御焙占此大岡巍隴神物

伏護得其餘蔭耶何其甘芳精至而美擅天下也觀夫

春雷一鳴筠籠纔起售者已擔簦挈橐於其門或先期

而散留金錢或茶纔入笪而爭酬所直故壑源之茶常

不足容所求其有樂獮之園民陰取沙溪茶葉雜就家

捲而製之人耳其名睆其規摸之相若不能原其實者

蓋有之矣凡壑源之茶售以十則沙溪之茶售以五其

直大率倣此然沙溪之園民亦荸於覓利或雜以松黃

篩其首面凡肉理怯薄體輕而色黃者試時鮮白不能

久泛香薄而味短者沙溪之品也凡肉理實厚質體堅

而色紫試時泛盞凝久香滑而味長者壑源之品也

潛確類書歷代貢茶以建寧為上有龍團鳳團石乳滴

乳綠昌明頭骨次骨末骨鹿骨山挺等名而密雲龍最

高皆碾眉作餅至國朝始用芽茶曰探春先春曰次春

曰紫筍而龍鳳團皆廢矣

名勝志 北苑茶園屬甌寧縣舊經云偽閩龍啟中里

人張暉以所居北苑地宜茶悉獻之官其名始著

三才藻異 石巖白建安能仁寺茶也生石縫間

建寧府屬浦城縣江郎山出茶即名江郎茶

武夷山志 前朝不貴閩茶即貢者亦只備官中浣濯甌

盞之需貢使類以價貨京師所有者納之間有採辦皆

劍津廖地產非武夷也黃冠每市山下茶登山貿之人

莫能辨

茶洞在接笋峯側洞門甚隘內境夷曠四週皆穹崖壁

立土人種茶視他處為最盛

崇安殷令招黃山僧以法羅法製建茶真堪並駕人甚

珍之時有武夷松蘿之目

王梓茶說武夷山週廻百二十里皆可種茶茶性他產

多寒此獨性溫其品有二在山者為巖茶上品在地者

為洲茶次之香清濁不同且泡時巖茶湯白洲茶湯紅

以此為別雨前者為頭春稍後為二春再後為三春又

有秋中採者為秋露白最香須種植采摘烘焙得宜則

香味兩絕然武夷本石山峯巒載土者寥寥故所產無

幾若洲茶所在皆是即隣邑近多栽植運至山中及星

村墟市賈售皆冒克武夷更有安溪所產尤為不堪或

品嘗其味不甚貴重者皆以假亂真誤之也至於蓮子

心白毫皆洲茶或以木蘭花熏成欺人不及巖茶遠矣

張大復梅花筆談經云嶺南生福州建州今武夷所產

其味極佳盞以諸峯拔立正陸羽所云茶上者生爛石

中者耶

草堂雜錄武夷山有三味茶苦酸甜也別是一種飲之

味果屢變相傳能解醒消脹然采製甚少售者亦稀

隨見錄武夷茶在山上者為巖茶水邊者為洲茶巖茶

為上洲茶次之巖茶北山者為上南山者次之南北兩

山又以所產之巖名為名其最佳者名曰工夫茶工夫

之上又有小種則以樹名為名每株不過數兩不可多

得洲茶名色有蓮子心白毫紫毫龍鬚鳳尾花香蘭香

清香奧香選芽漳芽等類

廣輿記　泰寧茶出邵武府

福寧州大姥山出茶名綠雪芽

湖廣通志武昌茶出通山者上崇陽蒲圻者次之

廣輿記崇陽縣龍泉山周二百里山有洞好事者持炬

而入行數十步許坦平如室可容千百眾石渠流泉清

冽鄉人號曰魯溪巖產茶甚甘美

天下名勝志湖廣江夏縣洪山舊名東山茶譜云鄂州

東山出茶黑色如韭食之已頭痛

武昌郡志茗山在蒲圻縣北十五里產茶又大冶縣亦有名

山

荊江土地記 武陵七縣通出茶最好

岳陽風土記 灉湖諸山舊出茶謂之灉湖茶李肇所謂

岳州灉湖之含膏是也唐人極重之見於篇什令人不

甚種植惟白鶴僧園有千餘本土地頗類北苑所出茶

一歲不過一二十斤土人謂之白鶴茶味極甘香非他

處卅茶可比竝茶園地色亦相類但土人不甚植爾

通志 長沙茶陵州以地居茶山之陰因名昔炎帝葬於

茶山之野茶山即雲陽山其陵谷間多生茶茗故也

長沙府出茶名安化茶辰州茶出漵浦彬州亦出茶

類林新咏 長沙之石楠葉摘芽為茶名欒茶可治頭風

湘人以四月四日摘揚桐草搗其汁拌米而蒸猶𩜾麋

之類必啜此茶乃去風也尤宜暑月飲之

合璧事類 潭郡之間有渠江中出茶而多毒蛇猛獸鄉

人每年采摘不過十五六斤其色如鐵而芳香異常烹

續茶經

之無脚

湘潭茶味畧似普洱土人名曰笑蓉茶

茶事拾遺潭州有鐵色夷陵有壓磚

通志靖州出茶油蘄州有茶山産茶

河南通志羅山茶出河南汝寧府信陽州

桐柏山志瀑布山一名紫凝山産大葉茶

山東通志兖州府費縣蒙山石巔有花如茶土人取而

製之其味清香迥異他茶貢茶之異品也

興志蒙山一名東山上有白雲巖產茶亦稱蒙頂 王草堂云

乃石上之苔為

之非茶類也

廣東通志廣州韶州南雄肇慶各府及羅定州俱產茶

西樵山在郡城西一百二十里峰巒七十有二唐末詩

人曹松移植顧渚茶於此居人遂以茶為生業

韶州府曲江縣曹溪茶歲可三四採其味清甘

潮州大埔縣肇慶恩平縣俱有茶山德慶州有茗山欽

州靈山縣亦有茶山

151

吳陳琰曠園雜志瑞州白雲山出雲獨奇山故蒔茶在

絕壁歲不過得一石許價可至百金

王草堂雜錄粵東珠江之南產茶曰河南茶潮陽有鳳

山茶樂昌有毛茶長樂有石茗瓊州有靈茶烏藥茶云

嶺南雜記廣南出苦�150茶俗呼為苦丁非茶也葉大如

掌一片入壺其味極苦少則反有甘味嚼嚥利咽喉之

症功並山豆根

化州有琉璃茶出琉璃菴其產不多香與峒朮相似

僧人奉客不及一兩

羅浮有茶產於山頂石上剝之如蒙山之石茶其香倍

於廣尒不可多得

南越志 龍川縣出皁盧味苦澀南海謂之過盧

陝西通志 漢中府與安州等處產茶如金州石泉漢陰

平利西鄉諸縣各有茶園他郡則無

四川通志 四川產茶州縣凡二十九處成都府之資陽

安縣灌縣石泉崇慶等重慶府之南川黔江酆都武隆

續茶經

彭水等夔州府之建始開縣等及保寧府遵義府嘉定

州瀘州雅州烏蒙等處

東川茶有神泉獸目卭州茶曰火井

華陽國志涪陵無蠶桑惟出茶丹漆蜜蠟

南方草木狀蒙頂茶受陽氣全故芳香唐李德裕入蜀

得蒙餅以沃於湯瓶之上移時盡化乃驗其真蒙頂又

有五花茶其片作五出

毛文錫茶譜蜀州晉原洞口橫原珠江青城有橫芽雀

舌鳥喙麥顆蓋取其嫩芽所造以形似之也又有片甲蟬

翼之異片甲者早春黄芽其葉相抱如片甲也蟬翼者

其葉嫩薄如蟬翼也皆散茶之最上者

東齋紀事蜀雅州蒙頂産茶最佳其生最晚每至春夏

之交始出常有雲霧覆其上者若有神物護持之

羣芳譜峽州茶有小江園碧礀蒸明月房茱萸蒻等

陸平泉茶寮記事蜀雅州蒙頂上有火前茶最好謂禁

火以前採者後者謂之火後茶有露芽穀芽之名

述異記巴東有真香茗其花白色如薔薇煎服令人不

眠能誦無忘

廣興記峨嵋山茶其味初苦而終甘又瀘州茶可療風疾

又有一種烏茶出天全六番招討使司境內

王新城隴蜀餘聞蒙山在名山縣西十五里有五峯最高

者曰上清峯其巔一石大如數間屋有茶七株生石上

無縫罅云是甘露大師手植每茶時葉生智炬寺僧報

報有司往視籍記其葉之多少采製繞得數錢許明時

貢京師僅一錢有奇環石別有數十株曰陪茶則供蕃

府諸司之用而已其旁有泉恒用石覆之味清妙在惠

泉之上

雲南記名山縣出茶有山曰蒙山聯延數十里在西南

按拾遺志尚書所謂蔡蒙旅平者蒙山也在雅州凡蜀

茶盡出此

雲南通志茶山在元江府城西北普洱界太華山在雲

南府西產茶色味似松蘿名曰太華茶

普洱茶出元江府普洱山性溫味香兒茶出永昌府俱

作團又感通茶出大理府點蒼山感通寺

續博物志威遠州即唐南詔銀生府之地諸山出茶收

采無時雜椒薑烹而飲之

廣輿記 雲南廣西府出茶又灣甸州出茶其境內孟通

山所產亦類陽羨茶穀雨前採者香

曲靖府茶子叢生單葉子可作油

許鶴沙滇行紀程 滇中陽山茶絕類松蘿

天中記　容州黄家洞出竹茶其葉如嫩竹土人採以作

飲甚甘美　廣西容縣
唐容州

貴州通志　貴陽府産茶出龍里東苗坡及陽寶山土人

製之無法味不佳近亦有採芽以造者稍可供啜

威寧府茶出平遠産岩間以法製之味亦佳

地圖綜要　貴州新添軍民衛産茶平越軍民衛亦出茶

研北雜志　交趾出茶如綠苔味辛烈名曰登

續茶經卷下之四

續茶經卷下之五

　　　　候補主事陸廷燦撰

茶事著述名目

九之畧

茶經三卷　　唐太子文學陸羽撰

茶記三卷　　前人見國史經籍志

顧渚山記二卷　前人

煎茶水記一卷　　江州刺史張又新撰

采茶錄三卷　　　溫庭筠撰

補茶事　　　　　太原溫從雲　武威段碣之

茶訣三卷　　　　釋皎然撰

茶述　　　　　　裴汶

茶譜一卷　　　　僞蜀毛文錫

大觀茶論二十篇　宋徽宗撰

建安茶錄三卷　　丁謂撰

續茶經

163

北苑別錄　　　　　　　　　　　無名氏

造茶雜錄　　　　　　　　　　張文規

茶雜文一卷　　　　　　集古今詩文及茶者

啜源茶錄一卷　　　　　　　章炳文

北苑別錄　　　　　　　　　熊克

龍焙美成茶錄　　　　　　　范逵

茶法易覽十卷　　　　　　　沈立

建茶論　　　　　　　　　　羅大經

桑莊茹芝

四

岕茶牋　　　　　　馮可賓

峒山茶系　　　　　周高起伯高

水品　　　　　　　徐獻忠

竹嬾茶衡　　　　　李日華

茶解　　　　　　　羅廩

松寮茗政　　　　　卜萬祺

茶譜　　　　　　　錢友蘭翁

茶集一卷　　　　　胡文煥

續茶經

五

169

茶譜　朱碩儒見黃與堅集

岕茶彙鈔　冒襄

茶考　徐燉

羣芳譜茶譜　王象晉

佩文齋廣羣芳譜茶譜

詩文名目

杜毓荈賦

顧況茶賦

續茶經

171

蘇軾葉嘉傳

支廷訓湯醞之傳

徐巖泉六安州茶居士傳

呂溫三月三日茶晏序

熊禾北苑茶焙記

趙孟𤧚武夷山茶場記

溫都爾喊山臺記

文德翼盧山免給茶引記

合璧事類龍溪除起宗制有云必能為我講摘山之制

得克厥之良

胡文恭行孫諮制有云領算商車典領茗軸

唐武元衡有謝賜新火及新茶表劉禹錫柳宗元有代

武中承謝賜新茶表

韓翃為田神玉謝賜茶表有味足蠲邪助其正直香堪

愈疾沃以勤勞吳主禮賢方聞置茗晉臣愛客纔有分

茶之句

宋史李穆重秋葉黃花之禁

宋通商茶法詔乃歐陽修筆代福建提舉茶事謝上表

乃洪邁筆

謝宗茶啓比丹邱之仙芽勝烏程之御荈不止味同

露液白況霜華豈可為酪蒼頭便應代酒從事

茶榜雀舌初調玉盌分時茶思健龍團摧碎金渠碾處

睡魔降

劉言史與孟郊洛北野泉上煎茶有詩

僧皎然尋陸羽不遇有詩

白居易有睡後茶興憶楊同州詩

皇甫曾有送陸羽採茶詩

劉禹錫石園蘭若試茶歌有云欲知花乳清泠味須是

眠雲跂石人

鄭谷峽中嘗茶詩入座半甌輕泛綠開緘數片淺含黃

杜牧茶山詩山實東南秀茶稱瑞草魁

施肩吾詩茶為滌煩子酒為忘憂君

秦韜玉有採茶歌

顏真卿有月夜啜茶聯句詩

司空圖詩碾畫明昌幾甌茶

李羣玉詩客有衡山隱遺余石廩茶

李郢酬友人春暮寄枳花茶詩

蔡襄有北苑茶壟採茶造茶試茶詩五首

朱熹集香茶供養黃柏長老悟公塔有詩

文公茶坂詩攜籯北嶺西採葉供茗飲一啜夜䏶寒跁

跋謝氯枕

蘇軾有和錢安道寄惠建茶詩

坡仙食飲錄有問大冶長老乞桃花茶栽詩

韓駒集謝人送鳳團茶詩白髮前朝舊史官風爐煮茗

暮江寒蒼龍不復從天下拭淚看君小鳳團

蘇轍有詠茶花詩二首有云細嚼花鬚味亦長新芽一

粟葉間藏

孔平仲夢錫惠墨答以蜀茶有詩

岳珂茶花盛放滿山詩有潔躬淡薄隱君子苦口森嚴大丈夫之句

時訓唱爭誇互見詩之句

趙抃集次謝許少卿寄臥龍山茶詩有越芽遠寄入都

文彥博詩舊譜最稱蒙頂味露芽雲液勝醍醐

張文規詩明月峽中茶始生明月峽與顧渚聯屬茶生

其間者无為絕品

孫覿有飲修仁茶詩

韋處厚茶嶺詩顧渚吳霜絕蒙山蜀信稀千叢因此始

含露紫茸肥

周必大集胡邦衡生日以詩送北苑八銙日注二瓶賀

客稱觴滿冠霞懸知酒渴正思茶尚書八餅分閩焙主

簿雙瓶揀越芽又有次韻王少府送焦坑茶詩

陸放翁詩寒泉自換菖蒲水活火閒煎橄欖茶又村舍

雜書東山石上茶鷹爪初脫韝雪落紅絲磑香動銀毫

甌爽如聞至言餘味終日留不知葉家白亦復有此否

劉説詩鸚鵡茶香堪供客茶蘼酒熟足娛親

王禹偁茶園詩茂育知天意甄收荷主恩沃心同直諫

苦口類嘉言

梅堯臣集宋著作寄鳳茶詩團為蒼玉璧隱起雙飛鳳

獨應近臣頒豈得常寮共又李求仲寄建溪洪井茶七

品云忽有西山使始遺七品茶末品無水暈六品無沈

粗五品散雲脚四品浮粟花三品若瓊乳二品罕所加

絶品不可議甘香焉等差又答宣城梅主簿遺鴉山茶

詩云昔觀唐人詩茶咏鴉山嘉鴉啣茶子生遂同山名

鴉又有七寶茶詩云七物甘香雜蕊茶浮花泛綠亂於

霞啜之始覺君恩重休作尋常一等誇又吳正仲餉新

茶沙門頴公遺碧霄峯茗俱有吟咏

戴復古謝史石窗送酒并茶詩曰遺來二物應時須客

子行廚用有餘午困政需茶料理春愁全仗酒消除

費氏宮詞近被宮中知了事每来隨駕使煎茶

楊廷秀有謝木舍人送講筵茶詩

葉適有寄謝王文叔送真日鑄茶詩云誰知真苦澀黷

淡發奇光

杜本武夷茶詩春從天上來噓咈通寰海納納此中藏

萬斛珠蓓蕾

劉秉忠嘗雲芝茶詩云鐵色皺皮帶老霜含英咀美入

詩腸

高啓有月團茶歌又有茶軒詩

楊慎有和章水部沙坪茶歌沙坪茶出玉壘關外寶唐

183

董其昌贈煎茶僧詩怪石與枯槎相將度歲華鳳團雖

貯好只吃趙州茶

妻堅有花朝醉後為女郎題品泉圖詩

程嘉燧有虎邱僧房夏夜試茶歌

南宋雜事詩云六一泉烹雙井茶

朱彝邱竹枝詞官封茶地雨前開皂隸衙官攪似雷

近日正堂偏體貼監茶不遣掾曹來

山

綿津山人漫堂咏物有大食索耳茶盃詩云粤香泛永

夜詩思来悠然　注武夷有

粤香茶

薛熙依歸集有朱新菴令茶譜序

續茶經卷下之五

續茶經卷下之六

候補主事陸廷燦撰

十之圖

歷代圖畫名目

唐張萱有烹茶士女圖見宣和畫譜

唐周昉寓意丹青馳譽當代宣和御府所藏有烹茶

圖一

五代陸滉烹茶圖一宋中興館閣儲藏

宋周文矩有火龍烹茶圖四煎茶圖一

宋李龍眠有虎阜采茶圖見題跋

宋劉松年絹畫盧仝煮茶圖一卷有元人跋十餘家

范司理龍石藏

王齊翰有陸羽煎茶圖見王世懋澹園畫品

董逌陸羽點茶圖有跋

元錢舜舉畫陶學士雪夜煮茶圖在焦山道士郭第

處見詹景鳳東岡玄覽

史石窻名文鄉有煮茶圖袁桷作煮茶圖詩序

馮璧有東坡海南烹茶圖并詩

嚴氏書畫記有杜檉居茶經圖

汪珂玉珊瑚網載盧仝烹茶圖

明文徵明有烹茶圖

沈石田有醉茗圖題云酒邊風月與誰同陽羨春雷

醉耳聲七椀便堪酬酪酊任渠高枕夢周公

沈石田有為吳麹庵寫虎邱對茶坐雨圖

淵鑒齋書畫譜陸包山治有烹茶圖

補

元趙松雪有宮女啜茗圖見漁洋詩話劉孔和詩

茶具十二圖

韋鴻臚

贊曰祝融司夏萬物焦爍火炎昆岡玉石俱焚爾無與

焉乃若不使山谷之英陷於塗炭子與有力矣上卿之

號顏著微稱

木待制

上應列宿萬民以濟稟性剛直摧折疆梗使隨方逐圓

之徒不能保其身善則善矣然非佐以法曹資之樞密

亦莫能成厥功

續茶經

四

金法曹

柔亦不茹剛亦不吐圓機運用一皆有法使强梗者不

得殊軌亂轍豈不韙與

石轉運

抱堅質懷直心嚌嚅英華周行不怠斡摘山之利操漕

權之重循環自常不舍正而適他雖沒齒無怨言

續茶經

六

望圓機之士

患悉能破之雖中無所有而外能研究其精微不足以

周旋中規而不逾其閒動靜有常而性苦其卓鬱結之

胡員外

羅樞密

機事不密則害成今高者抑之下者揚之使精粗不致

於混淆人其難諸奈何於細行而事諠譁惜之

宗從事

孔門高弟當灑掃應對事之末者亦所不棄又況能萃

其既散拾其已遺運寸毫而使邊塵不飛功亦善哉

漆雕祕閣

危而不持顛而不扶則吾斯之未能信以其弼執熱之

患無坳堂之覆故宜輔以寶文而親近君子

陶寶文

出河濱而無苦窳經緯之象剛柔之理炳其緗中虛已

待物不飾外貌休高秘閣宜無愧焉

湯提點

養浩然之氣發沸騰之聲以執中之能輔成湯之德斟

酌賓主間功邁仲叔圍然未免外爍之憂復有內熱之

患奈何

续茶经

十三

竺副帥

首陽餓夫毅諫於兵沸之時方令鼎揚湯能探其沸者

幾希子之清節獨以身試非臨難不顧者疇見爾

續茶經

十三

司職方

互鄉童子聖人猶與其進況端方質素經緯有理終身

涅而不緇者此孔子所以與潔也

竹爐并分封茶具六事

苦節君

銘曰肖形天地匪冶匪陶心存活火聲帶湘濤一滴甘

露滌我詩腸清風兩腋洞然八荒　　錫山盛顒

苦節君行省

茶具六事分封悉貯於此侍從苦節君於泉石山齋亭

館間執事者故以行省名之陸鴻漸所謂都籃者此其

是與

續
茶
經

六

建城

茶宜密裏故以箬籠盛之今稱建
城按茶錄云建安民
間以茶為尚故據地以城封之

雲屯

泉汲於雲根取其潔也今名雲屯益雲即泉也貯得其

所雖與列職諸君同事而獨屯於斯豈不清高絕俗而

自貴哉

烏府

炭之為物貌玄性剛遇火則威靈氣燄赫然可畏苦節

君得此甚利於用也況其別號烏銀故特表章其所藏

之具曰烏府不亦宜哉

水曹

茶之真味蘊諸旗鎗之中必浣之以水而後發也凡器

物用事之餘未免殘瀝微垢皆賴水沃盥因名其器曰

水曹

器局

一應茶具收貯於器局供役苦節君者故立名管之

品司

茶欲啜時入以筍欖瓜仁芹蒿之屬則清而且佳固命

湘君設司檢束

羅先登續文房圖贊

玉川先生

毓秀蒙頂蜚英玉川搜攬胸中書傳五千儒素家風清

淡滋味君子之交其淡如水

續茶經卷下之六

續茶經附錄

茶法　　　　　　候補主事陸廷燦撰

唐書德宗納戶部侍郎趙贊議稅天下茶漆竹木十取

一以為常平本錢及出奉天乃悼悔下詔盉罷之及朱

泚平俟臣希意興利者益進貞元八年以水災減稅明

年諸道鹽鐵使張滂奏出茶州縣若山及商人要路以

三等定估十稅其一自是歲得錢四十萬緡穆宗即位

鹽鐵使王播圖寵以自幸乃增天下茶稅率百錢增五

十天下茶加斤至二十兩播又奏加取焉右拾遺李珏

上疏謂榷率本濟軍興而稅茶自貞元以來方有之天

下無事忽厚歛以傷國體一不可茗為人飲鹽粟同資

若重稅之售必髙其弊先及貧下二不可山澤之產無

定數程斤論稅以售多為利若騰價則市者寡其稅幾

何三不可其後王涯判二使置榷茶使從民茶樹于官

場焚其舊積者天下大怨令狐楚代為鹽鐵使兼搉茶
使復令納搉加價而已李石為相以茶稅皆歸鹽鐵復
貞元之制武宗即位崔珙又增江淮茶稅是時茶商所
過州縣有重稅或奪掠舟車露積雨中諸道置邸以收
稅謂之踏地錢大中初轉運使裴休著條約私鬻如法
論罪天下稅茶增倍貞元江淮茶為大模一斤至五十
兩諸道鹽鐵使于悰每斤增錢五謂之剩茶錢自是斤
兩復舊

二

元和十四年歸光州茶園于百姓從刺史房克讓之請
也

裴休領諸道鹽鐵轉運使立稅茶十二法人以為便

潘鎮劉仁恭禁南方茶自擷山為茶號山曰大恩以邀
利

何易于為益昌令鹽鐵官榷取茶利詔下所司毋敢隱
易于視詔曰益昌人不征茶且不可活矧厚賦毒之乎
命吏閣詔吏曰天子詔何敢拒吏坐死公得免竄耶易

于曰吾敢愛一身移暴于民乎亦不使罪及爾曹即自

焚之觀察使素賢之不劾也

陸贄為宰相以賦役煩重上疏云天災流行四方代有

稅茶錢積戶部者宜計諸道戶口均之

五代史楊行密字化源議出鹽茗俾民輸帛幕府高勗

曰創破之餘不可以加斂且帑賛何患不足若悉我所

有以易四鄰所無不積財而自有餘矣行密納之

宋史榷茶之制擇要會之地曰江陵府曰真州曰海州

日漢陽軍曰無為軍曰蘄之蘄口為榷貨務六初京城

建安襄復州皆有務後建安襄復之務廢京城務雖存

但會給交鈔往還而不積茶貨在淮南則蘄黃廬舒光

壽六州官自為場置吏總謂之山場者十三六州採茶

之民皆隸焉謂之園戶歲課作茶輸租餘則官悉市之

總為歲課八百六十五萬餘斤其出鬻者皆就本場在

江南則宣歙江池饒信洪撫筠袁十州廣德興國臨江

建昌南康五軍兩浙則杭蘇明越婺處溫台湖常衢睦

十二州荆湖則江陵府潭澧鼎鄂岳歸峽七州荆門軍

福建則建劍二州歲如山場輸租折稅總為歲課江南

百二十七萬餘斤兩浙百二十七萬九千餘斤荆湖二

百四十七萬餘斤福建三十九萬三千餘斤悉送六榷

貨務鬻之茶有二類曰片茶曰散茶片茶蒸造實棬模

中串之唯建劍則既蒸而研編竹為格置焙室中最為

精潔他處不能造有龍鳳石乳白乳之類十二等以充

歲貢及邦國之用其出虔袁饒池光歙潭岳辰澧州江

陵府興國臨江軍有仙芝玉津先春綠芽之類二十六

等兩浙及宣江鼎州又以上中下或第一至第五為號

散茶出淮南歸州江南荊湖有龍溪雨前雨後之類十

一等江浙又有上中下或第一等至第五為號者民之

欲茶者售於官給其食用者謂之食茶出境者則給劵

商賈貿易入錢若金帛京師榷貨務以射六務十三場

顧就東南入錢若金帛者聽凡民茶匿不送官及私販

鬻者沒入之計其直論罪園戶輒毀敗茶樹者計所出

茶論如法民造溫桑為茶比犯真茶計直十分論二分

之罪主吏私以官茶貿易及一貫五百者死自後定法

務從輕減太平興國二年主吏盜官茶販罸錢三貫以

上黥面送關下淳化三年論直十貫以上黥面配本州

牢城巡防卒私販茶依舊條加一等論凡結徒持仗販

易私茶遇官司擒捕抵拒者皆死太平興國四年詔罸

偽茶一斤杖一百二十斤以上棄市 厥後更改不一載全史

陳恕為三司使將立茶法召茶商數十人俾條陳利害

241

第為三等具奏太祖曰吾視上等之說取利太深此可

行于商賈不可行于朝廷下等之說固減裂無取惟中

等之說公私皆濟吾裁損之可以經久行之數年公用

足而民富實

太祖開寶七年有司以湖南新茶異于常歲請高其價

以鬻之太祖曰道則善毋乃重困吾民乎即詔第復舊

制勿增價值

熙寧三年熙河運使以歲計不足乞以官茶博糴每茶

三斤易粟一斛其利甚溥朝廷謂茶馬司本以博馬不

可以博羅于茶馬司歲額外增買川茶兩倍朝廷別出

錢二萬給之令提刑司封樁又令茶馬官程之邵兼轉

運使由是數歲邊用粗足

神宗熙寧七年幹當公事李杞入蜀經畫買茶秦鳳熙

河博馬王上韶言西人頗以善馬至邊交易所嗜惟茶

自熙豐以來舊博馬皆以粗茶乾道之末始以細茶遺

之成都利州路十二州產茶二千一百二萬斤茶馬司

所收大較若此

茶利嘉祐間禁榷時取一年中數計一百九萬四千九

十三貫八百八十五 治平間通商後計取數一百一

十七萬五千一百四貫九百一十九錢

瓊山邱氏曰後世以茶易馬始見於此葢自唐世回紇

入貢先己以馬易茶則西北之嗜茶有自來矣

蘇轍論蜀茶狀園戶例收晚茶謂之秋老黃茶不限早

晚隨時即賣

沈括夢溪筆談乾德二年始詔在京建州漢陽蘄口各
置榷貨務五年始禁私賣茶從不應為情理重太平興
國二年刪定禁法條貫始立等科罪淳化二年令商賈
就園戶買茶公於官場貼射始行貼射法淳化四年初
行交引罷貼射法西北入粟給交引自通利軍始是歲
罷諸處榷貨務尋復依舊至咸平元年茶利錢以一百
三十九萬二千一百一十九貫為額至嘉祐三年凡六
十一年用此額官本雜費皆在內中間時有增虧歲入

不常咸平五年三司使王嗣宗始立三分法以十分茶

價四分給香藥三分犀象三分茶引六年又改支六分

香藥犀象四分茶引景德二年許人入中錢帛金銀謂

之三說至祥符九年茶引益輕用知秦州曹瑋議就永

興鳳翔以官錢收買客引以救引價前此累增加饒錢

至天祐二年鎮戎軍納大麥一斗本價通加饒共支錢

一貫二百五十四乾興元年改二分法支茶引三分東

南見錢二分半香藥四分半天聖元年復行貼射法行

之三年茶利盡歸大商官場但得黃晚惡茶乃詔孫奭

重議罷貼射法明年推治元議省吏計覆官旬獻官皆

決配沙門島元詳定樞密副使張鄧公參知政事呂許

公魯肅簡各罰俸一月御史中丞劉筠入內內侍省副

都知周文賈西上閤門使薛招廊三部副使各罰銅二

十斤前三司使李諮落樞密直學士依舊知洪州皇祐

三年算茶依舊只用見錢至嘉祐四年二月五日降勑

罷茶禁

洪邁容齋隨筆蜀茶稅額總三十萬熙寧七年遣三司

幹當公事李杞經畫買茶以蒲宗閔同領其事叛設官

場增為四十萬後李杞以疾去都官郎中劉佐繼之蜀

茶盡榷民始病矣知彭州呂陶言天下茶法既通蜀中

獨行禁榷杞佐宗閔作為弊法以困西南生聚佐雖罷

去以國子博士李稷代之陶亦得罪侍御史周尹復極

論榷茶為害罷為河北提點刑獄利路漕臣張宗諤張

升卿復建議廢茶場司依舊通商皆為稷劾坐貶茶場

司行劄子督綿州彰明知縣宋大章繳奏以為非所當

用又為稭誕坐衝替一歲之間通課利及息耗至七十

六萬緡有奇

熊蕃宣和北苑貢茶錄陸羽茶經裴汶茶述皆不第建

品說者但謂二子未嘗至閩而不知物之發也固自有

時益昔者山川尚閟靈芽未露至於唐末然後北苑出

為之最時僞蜀詞臣毛文錫作茶譜亦第言建有紫筍

而蠟面乃產於福五代之季建屬南唐歲率諸縣民采

續茶經

九

茶北苑初造研膏繼造蠟面既又製其佳者號曰京挺

本朝開寶末下南唐太平興國二年特置龍鳳模遣使

即北苑造團茶以別庶飲龍鳳茶蓋始於此又一種茶

叢生石崖枝葉尤茂至道初有詔造之別號石乳又一

種號的乳又一種號白乳此四種出而臘面斯下矣真宗

咸平中丁謂為福建漕監御茶進龍鳳團始載之於茶

錄仁宗慶歷中蔡襄為漕改剏小龍團以進甚見珍惜

旨令歲貢而龍鳳遂為次矣神宗元豐間有旨造密雲

龍其品又加於小龍團之上哲宗紹聖中又改為瑞雲

翔龍至徽宗大觀初親製茶論二十篇以白茶自為一

種與他茶不同其條敷闡其葉瑩薄崖林之間偶然生

出非人力可致正焙之有者不過四五家家不過四五

株所造正於二三銙而已淺焙亦有之但品格不及於

是白茶遂為第一既又製三色細芽及試新銙貢新銙

自三色細芽出而瑞雲翔龍又下矣凡茶芽數品最上

曰小芽如雀舌鷹爪以其勁直纖挺故號芽茶次曰

揀芽乃一芽帶一葉者號一鎗一旗次曰中芽乃一芽

帶兩葉號一鎗兩旗其帶三葉四葉者漸老矣芽茶早

春極少景德中建守周絳為補茶經言芽茶只作早茶

馳奉萬乘嘗之可矣如一鎗一旗可謂奇茶也故一鎗

一旗號揀芽最為挺特光正舒王送人閩中詩云新茗

齋中試一旗謂揀芽也或者謂茶芽未展為鎗已展為

旗指舒王此詩為誤蓋不知有所謂揀芽也夫揀芽猶

貴重如此而況芽茶以供天子之新嘗者乎夫芽茶絕

尖至於水芽則曠古未之聞也宣和庚子歲漕臣鄭可

簡始創為銀絲水芽蓋將已揀熟芽再為剔去祇取其

心一縷用珍器貯清泉漬之光明瑩潔如銀絲然以制

方寸新銙有小龍蜿蜒其上號龍團勝雪又廢白的石

乳鼎造花銙二十餘色初貢茶皆入龍腦至是慮奪真

味始不用焉蓋茶之妙至勝雪極美故合為首冠然猶

在白茶之次者以白茶上之所好也異時郡人黃儒撰

品茶要錄極稱當時靈芽之富謂使陸羽數子見之必

十一

爽然自失蕃亦謂使黃君而閲今日之品則前此者未

足詫焉然龍焙初興貢數殊少累增至於元符以斤計

者一萬八千視初已加數倍而猶未盛今則為四萬七

千一百斤有奇矣此數見范達所著龍焙白茶勝雪以美成茶錄達茶官也

次厥名實繁令列於左使好事者得以觀焉

貢新銙大觀二年造試新銙政和二年造白茶宣和二年造

龍團勝雪宣和二年御苑玉芽大觀二年萬壽龍芽大觀二年

上林第一宣和二年乙夜清供　承平雅玩

龍鳳英華　玉除清賞　啓沃承恩

雪英　雲葉　蜀葵

金錢 宣和三年　玉華 宣和二年　寸金 宣和三年

無比壽芽 大觀四年　萬春銀葉 宣和二年　宜年寶玉

玉清慶雲　無疆壽龍　玉葉長春 宣和四年

瑞雲翔龍 紹聖二年　長壽玉圭 政和二年　興國岩銙

香口焙銙　上品揀芽 紹興二年　新收揀芽

太平嘉瑞 政和二年　龍苑報春 宣和四年　南山應瑞

興國岩揀芽　興國岩小龍　興國岩小鳳

以上號
細色

揀芽　　小龍

小鳳　　大龍　　大鳳 粗色
以上號

又有瓊林毓料浴雪呈祥壑源供重篚推先價倍南

金暘谷先春壽岩卻勝延平石乳清白可鑒風韻甚

高凡十色皆宣和二年所製越五歲省去

右茶歲分十餘綱惟白茶與勝雪自驚蟄前興役浹日

乃成飛騎疾馳不出仲春已至京師號為頭綱玉芽以

下即先後以次發逮貢足時夏過半矣歐陽公詩云建

安三千五百里京師三月嘗新茶蓋異時如此以今較

昔又為最早因念草木之微有環奇卓異亦必逢時而

後出而況為士者哉昔昌黎感二鳥之蒙采擢而自悼

其不如令蕃於是茶也焉敢効昌黎之感姑務自警而

堅其守以待時而已

外焙

石門　乳吉　香口

右三焙常後北苑五七日與工每日采茶蒸榨以

其黃悉送北苑併造

北苑別錄先人作茶錄當貢品極勝之時凡有四十餘

色紹興戊寅歲克攝事北苑閱近所貢皆仍舊其先後

之序亦同惟躋龍團勝雪於白茶之上及無與國岩小

龍小鳳益建炎南渡有旨罷貢三之一而省去之也先

人但著其名號克今更寫其形製庶覽之無遺恨焉先

是任子春漕司再攝茶政越十三戴乃復舊額且用政

和故事補種茶二萬株（政和周曹種三萬株）此年益虔貢職遂有

創增之目仍改京挺為大龍團由是大龍多於大鳳之

數凡此皆近事或者猶未之知也三月初吉男克北苑

寓舍書

貢新銙（竹圈銀模）　方一寸二分　試新銙（仝上）

龍團勝雪（仝上）　白茶（銀圈銀模）　徑一寸五分

御苑玉芽（銀圈銀模）　徑一寸五分　萬壽龍芽（仝上）

上林第一　方一寸二分　乙夜清供（竹圈）

承平雅玩　　龍鳳英華　　玉除清賞

啟沃承恩 俱仝上　雪英　橫長一寸五分

雲葉 仝上　蜀葵　徑一寸五分

金錢 銀模仝上　玉華 銀模　橫長一寸五分

寸金 竹圈　方一寸二分　無比壽芽 銀模竹圈仝上

萬春銀葉 銀模銀圈　兩尖徑二寸二分

宜年寶玉 銀模銀圈　直長三寸

玉清慶雲　方一寸八分

無疆壽龍　銀模　竹圈　直長一寸

玉葉長春　竹圈　直長三寸六分

瑞雲翔龍　銀模　銀圈　徑二寸五分

長壽玉圭　銀模　直長三寸

興國岩銙　竹圈　方一寸二分　香口焙銙仝上

上品揀芽　銀模　銀圈　新收揀芽　銀模　銀圈　俱仝上

太平嘉瑞　銀圈　徑一寸五分

龍苑報春　銀圈　徑一寸七分

南山應瑞　銀模　銀圈　方一寸八分

興國岩揀芽　銀模　銀圈　徑三寸　　小龍

小鳳　　大龍　　大鳳俱全上

北苑貢茶最盛然前輩所錄止於慶歷以上自元豐後

瑞龍相繼挺出制精於舊而未有好事者記焉但於詩

人句中及大觀以来增創新銙亦猶用揀芽蓋水芽至

宣和始名顧龍團勝雪與白茶角立歲元首貢自御苑

玉芽以下厥名實繁先子觀見時事悉能記之成編具

存令閩中漕臺所刊茶錄未備此書庶幾補其闕云淳

熙九年冬十二月四日朝散郎行祕書郎國史編修官

學士院權直熊克謹記

北苑貢茶綱次

細色第一綱

龍焙貢新　水芽　十二水　十宿火

正貢三十銙　創添二十銙

細色第二綱

龍焙試新　水芽　十二水　十宿火

正貢一百銙　創添五十銙

細色第三綱

龍團勝雪　水芽　十六水　十二宿火

正貢三十銙　續添二十銙　創添二十銙

白茶　水芽　十六水　七宿火

正貢三十銙　續添五十銙　創添八十銙

御苑玉芽　小芽　十二水　八宿火

正貢一百斤

萬壽龍芽　小芽　十二水　八宿火

正貢一百斤

上林第一　小芽　十二水　十宿火

正貢一百銙

乙夜清供　小芽　十二水　十宿火

正貢一百銙

承平雅玩　小芽　十二水　十宿火

正貢一百銙　小芽　十二水　十宿火

龍鳳英華

正貢一百銙　小芽　十二水　十宿火

玉除清賞

正貢一百銙　小芽　十二水　十宿火

啟沃承恩

正貢一百銙　小芽　十二水　十宿火

雪英　　　　小芽　十二水　七宿火

正貢一百銙

雲葉　正貢一百片　小芽　十二水　七宿火

蜀葵　正貢一百片　小芽　十二水　七宿火

金錢　正貢一百片　小芽　十二水　七宿火

寸金　正貢一百片　小芽　十二水　七宿火

細色第四綱

龍團勝雪　見前

正貢一百銙

無比壽芽　小芽　十二水　十五宿火

正貢一百五十銙

創添五十銙

正貢五十銙

萬春銀葉　小芽　十二水　十宿火

創添六十片

正貢四十片

宜年寶玉　小芽　十二水　十宿火

正貢四十片　創添六十片

玉清慶雲　小芽　十二水　十五宿火

正貢四十片　創添六十片

無疆壽龍　小芽　十二水　十五宿火

正貢四十片　創添六十片

玉葉長春　小芽　十二水　七宿火

正貢一百片

瑞雲翔龍　小芽　十二水　九宿火

正貢一百片

長壽玉圭　小芽　十二水　九宿火

正貢二百片

興國巖銙　中芽　十二水　十宿火

正貢一百七十銙

香口焙銙　中芽　十二水　十宿火

正貢五十銙

上品揀芽　小芽　十二水　十宿火

正貢一百片

新收揀芽　中芽　十二水　十宿火

正貢六百片

細色第五綱

太平嘉瑞　小芽　十二水　九宿火

正貢三百片

龍苑報春　小芽　十二水　九宿火

正貢六十篇　創添六十片

南山應瑞　小芽　十二水　十五宿火

正貢六十銙　創添六十銙

興國岩揀芽　中芽　十二水　十宿火

正貢五百十片

興國岩小龍　中芽　十二水　十五宿火

正貢七百五片

興國岩小鳳　中芽　十二水　十五宿火

正貢五十片

先春雨色

太平嘉瑞　全前　　正貢二百片

長壽玉圭　全前　　正貢一百片

續入額四色

御苑玉芽　全前　　正貢一百片

萬壽龍芽　全前　　正貢一百片

無比壽芽　全前　　正貢一百片

瑞雲翔龍　仝前　　　　正貢一百片

麤色第一綱

正貢

不入腦子上品揀芽小龍一千二百片六水十宿火

入腦子小龍七百片四水十五宿火

增添

不入腦子上品揀芽小龍一千二百片

入腦子小龍七百片

建寧府附發小龍茶八百四十片

麤色第二綱

正貢

不入腦子上品揀芽小龍六百四十片

入腦子小龍六百七十二片

入腦子小鳳一千三百四十片四水十五宿火

入腦子大龍七百二十片二水十五宿火

入腦子大鳳七百二十片二水十五宿火

增添

不入腦子上品揀芽小龍一千二百片

入腦子小龍七百片

建寧府附發小鳳茶一千三百片

麤色第三綱

正貢

不入腦子上品揀芽小龍六百四十片

入腦子小龍六百四十片

入腦子小鳳六百七十二片

入腦子大龍一千八百片

入腦子大鳳一千八百片

增添

不入腦子上品揀芽小龍一千二百片

入腦子小龍七百片

建寧府附發大龍茶四百片大鳳茶四百片

麤色第四綱

正貢

不入腦子上品揀芽小龍六百片

入腦子小龍三百三十六片

入腦子小鳳三百三十六片

入腦子大龍一千二百四十片

入腦子大鳳一千二百四十片

建寧府附發大龍茶四百片大鳳茶四百片

麤色第五綱

正貢

入腦子大龍 一千三百六十八片

入腦子大鳳 一千三百六十八片

京鋌改造大龍 一千六百片

建寧府附發大龍茶八百片大鳳茶八百片

麤色第六綱

正貢

入腦子大龍一千三百六十片

入腦子大鳳一千三百六十片

京鋌改造大龍一千六百片

建寧府附發大龍茶八百片大鳳茶八百片又京

鋌改造大龍一千二百片

麤色第七綱

正貢

入腦子大龍一千二百四十片

入腦子大鳳一千二百四十片

京鋌改造大龍二千三百二十片

建寧府附發大龍茶二百四十片大鳳茶二百四

十片又京鋌改造大龍四百八十片

細色五綱

貢新為最上後開焙十日入貢龍團為最精而建

入有直四萬錢之語夫茶之入貢圈以箬葉內以

黃斗盛以花箱護以重篚花箱內外又有黃羅冪

之可謂什襲之珍矣

麗色七綱

揀芽以四十餅為角小龍鳳以二十餅為角大龍

鳳以八餅為角圈以箬葉束以紅縷包以紅紙緘

以緋綾惟揀芽俱以黃焉

金史茶自宋人歲供之外皆貿易於宋界之榷場世宗

大定十六年以多私販乃定香茶罪賞格章宗承安三

年命設官製之以尚書省令史往河南視官造者不當

其味但採民言謂為溫桑實非茶也還即白上以為不

幹枝七十罷之四年三月於淄密寧海蔡州各置一坊造茶照南方例每斤為袋直六百文後令每袋減三百文五年春罷造茶之坊六年河南茶樹橋者命補植之十一月尚書省奏禁茶遂命七品以上官其家方許食茶仍不得賣及饋獻七年更定食茶制八年言事者以止可以鹽易茶省臣以為所易不廣兼以雜物博易宣宗元光二年省臣以茶非飲食之急令河南陝西凡五十餘郡郡日食茶率二十袋直銀二兩是一歲之中妄

費民間三十餘萬也奈何以吾有用之貨而資敵乎乃

制親王公主及現任五品以上官素蓄存者存之禁不

得買餽餘人並禁之犯者徒五年告者賞寶泉一萬貫

元史本朝茶課由約而博大率因宋之舊而為之制焉

至元六年始以興元交鈔同知運使白賡言初榷成都

茶課十三年江南平左丞呂文煥首以主茶稅為言以

宋會五十貫準中統鈔一貫次年定長引短引是歲征

一千二百餘錠泰定十七年置榷茶都轉運使司於江

州路總江淮荆湖福廣之稅而遂除長引專用短引二

十一年免食茶稅以益正稅二十三年以李起南言增

引稅為五貫二十六年丞相僧格增為一十貫延祐五

年用江西茶運副法和爾丹言減引添錢每引再增為

一十二兩五錢次年課額遂增為二十八萬九千二百

一十一錠矣天曆已已罷榷司而歸諸州縣其歲徵之

數蓋與延祐同至順之後無籍可考他如范殿帥茶西

番大葉茶建寧銙茶亦無從知其始末故皆不著

明會典陝西置茶馬司四河州洮州西寧甘州各司並

赴徽州茶引所批驗每歲差御史一員巡茶馬

明洪武間差行人一員齎榜文於行茶所在懸示以肅

禁永樂十三年差御史三員巡督茶馬正統十四年停

止茶馬金牌遣行人四員巡察景泰二年令川陝布政

司各委官巡視罷差行人四年復差行人成化三年奏

准每年定差御史一員陝西巡茶十一年令取回御史

仍差行人十四年奏准定差御史一員專理茶馬每歲

一代遂為定例弘治十六年取回御史凡一應茶法悉

聽督理馬政都御史兼理十七年令陝西每年於按察

司揀憲臣一員駐洮巡禁私茶一年滿日擇一員交代

正德二年仍差巡茶御史一員兼理馬政

光祿寺衙門每歲福建等處解納茶葉一萬五千斤先

春等茶芽三千八百七十八斤收充茶飯等用

博物典彙云本朝捐茶利予民而不利其入凡前代所

設榷務貼射交引茶由諸種名色今皆無之惟於四川

置茶馬司四所於關津要害置數批驗茶引所而已及

每年遣行人於行茶地方張挂榜文俾民知禁又於西

番入貢為之禁限每人許其順帶有定數所以然者非

為私奉益欲資外國之馬以為邊境之備焉耳

洪武五年戶部言四川產巴茶凡四百四十七處茶戶

三百一十五宜依定制每茶十株官取其一歲計得茶

一萬九千二百八十斤令有司貯候西番易馬從之至

三十一年置成都重慶保寧三府及播州宣慰司茶倉

四所命四川布政司移文天全六番招討司將歲收茶

課仍收碉門茶課司餘地方就送新倉收貯聽商人交

易及與西番易馬茶課歲額五萬餘斤每百加耗六斤

商茶歲中率八十斤令商運賣官取其半易馬納馬番

族洮州三十河州四十三又新附歸德所生番十一西

寧十三茶馬司收貯官立金牌信符為驗洪武二十八

年駙馬歐陽倫以私販茶撲殺明初茶禁之嚴如此

武夷山志茶起自元初至元十六年浙江行省平章高

289

興過武夷製石乳數斤入獻十九年乃令縣官蒞之歲

貢茶二十斤采摘戶凡八十大德五年興之子玖珠為

邵武路總管就近至武夷督造貢茶明年剏焙局稱為

御茶園有仁風門第一春殿清神堂諸景又有通仙井

覆以龍亭皆極丹艧之盛設場官二員領其事後歲額

浸廣增戶至二百五十茶三百六十斤製龍團五千餅

泰定五年崇安令張端本重加修葺於園之左右各建

一坊扁曰茶場至順三年建寧總管暖都爾於通仙井

畔築臺高五尺方一丈六尺名曰喊山臺其上為喊泉

亭因稱井為呼来泉舊志云祭後羣喊而水漸盈造茶

畢而遂涸故名迨至正末額凡九百九十斤明初仍之

著為令每歲驚蟄日崇安令具牲醴詣茶場致祭造茶

入貢洪武二十四年詔天下產茶之地歲有定額以建

寧為上聽茶戶采進勿預有司茶名有四探春先春次

春紫筍不得碾揉為大小龍團然而祀典貢額猶如故

也嘉靖三十六年建寧太守錢嶪因本山茶枯令以歲

編茶夫銀二百兩及水腳銀二十兩齎府造辦自此遂

罷茶場而崇民得以休息御園尋廢惟井尚存井水清

甘較他泉迥異仙人張邋遢過此飲之曰不徒茶美亦

此水之力也

我

朝茶法陝西給番易馬舊設茶馬御史後歸巡撫兼理

各省發引通商止於陝境交界處盤查凡產茶地方

止有茶利而無茶累深山窮谷之民無不沾濡

雨露耕田鑿井共樂昇平此又有茶以來希遇之盛也

雍正十二年七月既望陸廷燦識

續茶經

續茶經附錄

茶録序

臣前因奏事伏蒙陛下諭臣先任福建轉運使日所進
上品龍茶最為精好臣退念草木之微首辱陛下知鑒
若處之得地則能盡其材昔陸羽茶經不第建安之品
丁謂茶圖獨論採造之本至於烹試曾未有聞臣輒條
數事簡而易明勒成二篇名曰茶録伏惟清閒之宴或
賜觀采臣不勝惶懼榮幸之至蔡襄謹序

茶錄

宋 蔡襄 撰

上篇論茶

色

茶色貴白而餅茶多以珍膏油 去聲 其面故有青黃紫

黑之異善別茶者正如相工之際人氣色也隱然察之

於內以肉理潤者為上既巳別之黃白者受水昏重青

白者受水詳明故建安人開試以青白勝黃白

香

茶有真香而入貢者微以龍腦和膏欲助其香建安民

間試茶皆不入香恐奪其真若烹點之際又雜珍果香

草其奪益甚正當不用

味

茶味主於甘滑惟北苑鳳凰山連屬諸焙所產者味佳

隔溪諸山雖及時加意製作色味皆重莫能及也又有

水泉不甘能損茶味前世之論水品者以此

藏茶

茶宜蒻葉而畏香藥喜溫燥而忌濕冷故收藏之家以

蒻葉封裹入焙中兩三日一次用火常如人體溫溫則

禦濕潤若火多則茶焦不可食

炙茶

茶或經年則香色味皆陳於淨器中以沸湯漬之刮去

膏油一兩重乃止以鈐箝之微火炙乾然後碎碾若當

年新茶則不用此說

碾茶

碾茶先以淨紙密裹搥碎然後熟碾其大要旋碾則色

清或經宿則色已昏矣

羅茶

羅細則茶浮麤則水浮

候湯

候湯最難未熟則沫浮過熟則茶沉前世謂之蟹眼者

過熟湯也沉瓶中煮之不可辯故曰候湯最難

熁盞

凡欲點茶先須熁盞令熱冷則茶不浮

點茶

茶少湯多則雲腳散湯少茶多則粥面聚建人謂之雲腳粥面鈔

茶一錢七先注湯調令極勻又添注入環迴擊拂湯上

盞可四分則止䏶其面色鮮白著盞無水痕為絕佳建

安開試以水痕先者為負耐久者為勝故較勝負之說

曰相去一水兩水

下篇論茶器

　茶焙

茶焙編竹為之裹以蒻葉蓋其上以收火也隔其中以有容也納火其下去茶尺許常溫溫然所以養茶色香味也

　茶籠

茶不入焙者宜密封裹以蒻籠盛之置高處不近濕氣

砧椎

砧椎蓋以砧茶砧以木為之椎或金或鐵取於便用

茶鈐

茶鈐屈金鐵為之用以炙茶

茶碾

茶碾以銀或鐵為之黃金性柔銅及鍮石皆能生鉎（音星）

不入用

茶羅

茶羅以絕細為佳羅底用蜀東川鵝溪畫絹之密者投

湯中揉洗以冪之

茶盞

茶色白宜黑盞建安所造者紺黑紋如兔毫其坯微厚

熁之久熱難冷最為要用出他處者或薄或色紫皆不

及也其青白盞鬭試家自不用

茶匙

茶匙要重擊拂有力黃金為上人間以銀鐵為之竹者

輕建茶不取

湯瓶

瓶要小者易候湯又點茶注湯有準黃金為上人間以

銀鐵或瓷石為之

茶錄

品茶要錄

宋　黃儒　撰

總論

說者常怪陸羽茶經不第建安之品蓋前此茶事未甚

興靈芽真笋往往委翳消腐而人不知惜自國初以來

士大夫沐浴膏澤詠歌昇平之日久矣夫體勢灑落神

觀沖淡惟茲茗飲爲可喜園林亦相與摘英夸異制捲

鬻新而趨時之好故殊絕之品始得自出于蓁莽之中

而其名遂冠天下借使陸羽復起閱其金餅味其雲腴

當藥然自失矣因念草木之材一有負瑰偉絕特者未

嘗不遇時而後興況于人乎然士大夫間為珍藏精試

之具非會雅要真未嘗輒出其好事者又嘗論其采制

之出入器用之宜否較試之湯火圖于繢素傳毈于時

獨未有補于賞鑒之明爾蓋園民射利膏油其面色品

味易辨而難評予因收閱之暇為原采造之得失較試

之低昂次為十說以中其病題曰品茶要錄云

一采造過時

茶事起于驚蟄前其采芽如鷹爪初造曰試焙又曰一

火次曰二火二火之茶已次一火矣故市茶芽者惟同茶

出于三火前者為最佳尤喜薄寒氣侯陰不至于凍茶芽

尤畏霜有造于一火二火皆過霜　時不至于暄則穀芽

而三火霜霽則三火之茶勝矣

含養約勒而滋長有漸采工亦優為矣凡試時泛色鮮

白隱于薄霧者得于佳時而然也有造于積雨者其色

昏黄或氣候暴暄茶芽蒸發采工汗手熏漬揀摘不給

則製造雖多皆為常品矣試時色非鮮白水脚微紅者

過時之病也

二白合盜葉

茶之精絕者曰鬬曰亞鬬其次揀芽茶芽鬬品雖最上

園戶或止一株蓋天材間有特異非能皆然也且物之

變勢無窮而人之耳目有盡故造鬬品之奇有昔優而

今劣前負而後勝者雖工有至有不至亦造化推移不

可得而擅也其造一火曰鬭二火曰亞鬭不過十數銙

而已揀芽則不然偏圍壠中擇其精英者爾其或貪多

務得又滋色澤往往以白合盜葉間試試時色雖鮮白

其味澀淡者間白合盜葉之病也　一鷹爪之芽有兩小
　　　　　　　　　　　　　　　　葉抱而生者白合也

新條葉之抱生而色白者盜葉也造揀
芽常別取鷹爪而白合不用況盜葉乎

三入雜

物固不可以容偽況飲食之物尤不可也故茶有入他

葉者建人號為入雜銙列入柿葉常品入桴欖葉二葉

易致又滋色澤園民欺售直而為之試時無粟紋甘香

盞面浮散隱如微毛或星星而纖絮者入雜之病也善

茶品者側盞視之所入之多寡從可知矣嚮上下品有

之近雖鎊列亦或勻使

四蒸不熟

穀芽初采不過盈箱而已趨時爭新之熱然也既采而

蒸既蒸而研蒸有不熟之病有過熟之病蒸不熟則雖

精芽所損已多試時色青易沈味為挑入之氣者不蒸

熟之病也唯正熟者味甘香

五過熟

茶芽方蒸以氣為候視之不可以不謹也試時色黃而

粟紋大者過熟之病也然雖過熟愈于不熟甘香之味

勝也故君謨論色則以青白勝黃白余論味則以黃白

勝青白

六焦釜

茶蒸不可以逾久久而過熟又久則湯乾而焦釜之氣

上茶工有之湯湯以益之是致熏損茶黃試時色多昏

紅氣焦味惡者焦釜之病也 建八號為熱鍋氣

七壓黃

茶已蒸者為黃黃細則已入捲模制之矣蓋清潔鮮明

則香色如之故采佳品者常于半曉間沖蒙雲霧或以

罐汲新泉懸胸間得必投其中蓋欲鮮也其或曰氣烘

爍茶芽暴長工力不給其芽已陳而不及蒸蒸而不及

研研或出宿而後製試時色不鮮明薄如壞卵氣者壓

黃也

八漬膏

茶餅光黃又如蔭潤者搾不乾也搾欲盡去其膏膏盡

則有如乾竹葉之色惟飾首面者故搾不欲乾以利易

售試時色雖鮮白其味帶苦者漬膏之病也

九傷焙

夫茶本以芽葉之物就之捲模既出卷上笪焙之用火

務令通徹即以灰覆之虛其中以熱火氣然茶民不許

用實炭號為冷火以茶餅新温欲速乾以見售故用火

常帶煙焰煙焰既多稍失看候以故熏損茶餅試時其

色昏紅氣味帶焦者傷焰之病也

十辯壑源沙溪

壑源沙溪其地相背而中隔一嶺其勢無數里之遠然

茶產頓殊有能出火移栽植之亦為土氣所化竊嘗怪

茶之為草一物爾其勢必由得地而後異豈水絡地脈

偏種粹于壑源抑御焙占此大岡巍隴神物伏護得其

餘蔭耶何其甘芳精至而獨擅天下也觀夫春雷一驚

筠籠纔起售者已擔簦挈橐于其門或先期而散留金

錢或茶纔入笪而爭酬所直故壑源之茶常不足客所

求其有禁滑之園民陰取沙溪茶黃雜就家捲而製之

人徒趨其名睨其規模之相若不能原其實者蓋有之

矣凡壑源之茶售以十則沙溪之茶售以五其直大率

做此然沙溪之園民亦勇于為利或雜以松黃飾其首

面凡肉理怯薄體輕而色黃試時雖鮮白不能久泛香

薄而味短者沙溪之品也凡肉理實厚體堅而色紫試

時泛盞凝久香滑而味長者壑源之品也

後論

余嘗論茶之精絕者白合未開其細如麥盞得青陽之

輕清者也又其山多帶沙石而號嘉品者皆在山南蓋

得朝陽之和者也余嘗事閒乘晏景之明淨適軒亭之

瀟灑一取佳品嘗試既而求水生于華池愈甘而清其

有助乎然建安之茶散天下者不為少而得建安之精

品不為多蓋有得之者不能辯矣或不善于烹試

善烹試矣或非其時猶不善也況非其賓乎然未有主

賢而賓愚者也夫惟知此然後盡茶之事昔者陸羽號

為知茶然羽之所知者皆今所謂草茶何哉如鴻漸所

論蒸笋并葉畏流其膏蓋草茶味短而淡故常恐去膏

建茶力厚而甘故惟欲去膏又論福建為未詳往往得

其味枢佳由是觀之鴻漸未嘗到建安歟

品茶要録

宣和北苑貢茶錄　　　譜錄類飲饌之屬

提要

　臣等謹案宣和北苑貢茶錄一卷附北苑別
　錄一卷宋熊蕃撰所述皆建安茶園採焙入
　貢法式淳熙中其子校書郎克始鋟諸木凡
　為圖三十有八附以採茶詩十章陳振孫書
　錄解題謂蕃子克盡寫其形製而傳之則圖

蓋克所增入也時福建轉運使主管帳司趙

汝礪復作別錄一卷以補其未備所言水數

贏縮火候淹函綱次先後品味多寡尤極該

晰考茗飲盛於唐至南唐始立茶官北苑所

由名也至宋而建茶遂名天下窪源沙溪以

外北苑獨稱官焙為漕司歲貢所自出文士

每紀述其事然書不盡傳傳者亦多疎畧惟

此二書於當時任土作貢之制言之最詳所

載模製器具頗多新意亦有可以資故實而

供詞翰者存之亦博物之一端不可廢也蕃

字叔茂建陽人宗王安石之學工於吟咏見

書錄解題克有中興小歷已著錄汝礪行事

無所見惟宋史宗室世系表漢王房下有漢

東侯宗楷曾孫汝礪意者即其人歟

東溪試茶錄

臣等謹案東溪試茶錄一卷原本題宋宋子

二

安撰載左圭百川學海中而晁公武郡齋讀

書志又作朱子安未詳孰是然百川學海為

舊刻且宋史藝文志亦作宋子安疑讀書志

朱字乃傳寫之訛也其書蓋補丁謂蔡襄兩

家茶錄之所遺東溪亦建安地名凡分八目

曰總叙焙名曰北苑曰鏨源曰佛嶺曰沙溪

曰茶名曰採茶曰茶病大要以品茶宜辨所

產之地或相去咫尺而優劣頓殊故錄中於

諸焙道里遠近最為詳盡宋史藝文志有呂

惠卿建安茶用記二卷章炳文螯源茶錄一

卷劉異北苑拾遺一卷今俱失傳所可考見

建茶崖畧者惟此與熊蕃二錄爾乾隆四十

九年閏三月恭校上

總纂官臣紀昀臣陸錫熊臣孫士毅

總校官臣陸費墀

宣和北苑貢茶錄　　　　　宋　熊蕃　撰

陸羽茶經裴汶茶述皆不第建品說者但謂二子未嘗
至閩而不知物之發也固自有時蓋昔者山川尚閟靈
芽未露至於唐末然後北苑出為之冠是時偽蜀詞臣
毛文錫作茶譜亦第言建有紫笋而臘面乃產於福五
代之季建屬南唐南唐保大三年俘王延政而得其地歲率諸縣民採茶
北苑初造研膏繼造臘面丁晉公茶錄載泉南老僧清錫年八十四嘗示以所得李

國主書寄研膏茶隔兩歲方得臘面此其實也至景祐
中監察御史丘荷撰御泉亭記乃云唐季勅福建罷貢
橄欖但贄臘面茶即臘面茶產於建安明矣荷不知臘面
之號始於福建其後建安始為之按唐地理志福州貢茶
及撤橄欖建州惟貢練練未嘗貢茶前所謂罷供橄欖惟
贄臘面為福也慶歷初林世程作閩中記言福茶所
所產在閩縣十里且言往時建茶未盛本土有之令則
土人皆食建茶世程之說蓋得其實而晉公所記臘面
乃建茶也既又製其佳者號曰京鋌
起於南唐

開寶末下南唐太平興國初特置龍鳳模遣使即北苑
造團茶以別庶飲龍鳳茶蓋始於此建寧臘茶北苑為

其狀如貢神聖朝
金白金之鋌

按宋史食貨志載
第一其家佳者曰社前次曰火前又曰兩前所以供玉
食備賜子太平興國始製大觀以後製愈精數愈多勝

武屢變而品不一歲貢片茶二十一萬六千斤又建安

志太平興國二年始置龍焙造龍鳳茶漕臣柯適為之

記又一種茶叢生石崖枝葉尤茂至道初有詔造之別

云一種茶叢生石崖枝葉尤茂至道初有詔造之別

號石乳又一種號的乳州茶製的乳茶號曰京鋌臘茶

罷貢陽羨茶又一種號白乳蓋白龍鳳與石的白四種

之貢自此始按馬令南唐書嗣主李璟命建

繼出而臘面降為下矣乘輿及賜執政親王長主其餘

皇族學士將帥皆得鳳茶舍人近臣賜金鋌的乳而白

乳賜館閣惟臘面不在賜品按建安志載談苑云京

鋌的乳賜舍人近臣白乳的乳賜館

閣疑京鋌誤金鋌白乳下遺的乳 蓋龍鳳等茶皆太

宗朝所製至咸平初丁晋公漕閩始載之於茶錄言龍

楊文公億談苑所記龍茶以供

鳳團起於晉公故張氏畫墁錄云晉公漕閩

始創為龍鳳團此說得於傳聞非其實也

君謨將漕創造小龍團以進貢仍歲貢之

其年改造上品龍茶二十八片纔一斤尤極精妙被旨

仍歲貢之歐陽文忠公歸田錄云茶之品莫貴於龍鳳

謂之小團凡二十八片重一斤其價直金二兩然金可

有而茶不可得嘗南郊致齋兩府共賜一餅四人分之

宮人往往縷金花其上蓋貴重如此

其上蓋貴重如此自小團出而龍鳳遂為次矣元豐間

有旨造密雲龍其品又加於小團之上

詩云小璧

豐龍焙承詔作蓋謂此也按此雲龍不入香元

詩乃山谷和楊王休點密雲龍詩紹聖間改為瑞雲翔

龍至大觀初令上親製茶論二十篇以白茶與常茶不

同偶然生出非人力可致於是白茶遂為第一慶歷初吳興劉

异為北苑拾遺云官園中有白茶五六株而壅培不甚

至茶戶惟有王免者家一巨株向春常造浮屋以障風

日其後有宋子安者作東溪試茶錄亦言白茶民間大

重出於近歲芽葉如紙建人以為茶瑞則知白茶可貴

自慶歷始至　既又製三色細芽及試新銙大觀二年造

大觀而盛也　　御苑玉芽萬

壽龍芽又造無此壽芽及試新　政和三年造貢

銙按宋史食貨志銙作胯　貢新銙新銙入新貢皆

歲額之外在　自三色細芽出而瑞雲翔龍顧居下矣凡

創為此獻在

茶芽數品冣上白小芽如雀舌鷹爪以其勁直纖銳故

號芽茶次曰中茶乃一芽帶一葉者號一鎗一旗次曰

三

331

紫芽其一芽帶兩葉者號一鎗兩旗其帶三葉四葉皆

漸老矣芽茶極少景德中建守周絳為補茶經言

芽茶只作早茶馳奉萬乘嘗之可矣如一鎗一旗可謂

奇茶也故一鎗一旗號揀芽寔為挺特先正舒王送人

官閩中詩云新茗齋中試一旗謂揀芽也或者乃謂茶

芽未展為鎗已展為旗指舒王此詩為誤蓋不知有所

謂揀芽也今上聖製茶論曰一旗一鎗為揀芽又見王

岐公珪詩云北苑和香品寔新綠芽未雨帶

旗新故相韓康公絳詩云一鎗已笑將成葉百夫揀芽

草皆羞未敢花此皆詠揀芽與舒王之意同

猶貴如此而況芽茶以供天子之新嘗者乎芽茶絕矣

至於水芽則曠古未之聞也宣和庚子歲漕臣鄭公可

簡（作鄭可聞）〔按簡字別本〕始創為綠線水芽蓋將已揀熟芽再剔

去祇取其心一縷用珍器貯清泉漬之光明瑩潔若銀

線然其制方寸新銙有小龍蜿蜒其上號龍園勝雪〔按建

安志云此茶蓋於白合中取一嫩條如絲髮大者用御

泉水研造成分試其色如乳其味腴而美又園字別本

或改作團今仍從

原本而附識於此〕又廢白的石三乳鬥造花銙二十餘

色初貢茶皆入龍腦〔蔡君謨茶錄云茶有真香而入

貢者微以龍腦和膏欲助其香至

是慮奪真味始不用焉蓋茶之妙至勝雪極矣故合為

首冠然猶在白茶之次者以白茶上所好也異時郡人

黃儒撰品茶要錄極稱當時靈芽之富謂使陸羽數子

見之必爽然自失蕃亦謂使黃君而閱今日則前乎此

者未足詫焉然焙初興貢數殊少太平興國初累增至綫貢五十斤

於元符以片計者一萬八千視初已加數倍而猶未盛

令則為四萬七千一百片有奇矣此數皆見范達所著龍焙美成茶錄達茶

也官白茶勝雪以次廠名實繁令列於左使好事者得

334

以觀焉

貢新銙〔大觀二年造〕　試新銙〔政和三年造〕　白茶〔政和三年造〕　龍園勝雪〔宣和二年造〕　御苑玉芽〔大觀二年造〕　萬壽龍芽〔大觀二年造〕　上林第一　乙夜供清〔宣和二年造〕　承平雅玩〔宣和二年造〕　龍鳳英華〔宣和二年造〕　玉除清賞〔宣和二年造〕　啟沃承恩〔宣和二年造〕　雪英〔宣和三年造〕　雲葉〔宣和三年造〕　蜀葵〔宣和三年造〕　金錢〔宣和三年造〕　玉華〔宣和三年造〕　寸金〔宣和三年造〕　無比壽芽〔大觀四年造〕　萬春銀葉〔宣和二年造〕　宜年寶玉〔宣和二年造〕　玉清慶雲〔宣和二年造〕　無疆壽龍〔宣和二年造〕　玉葉

長春宣和四年造 瑞雲翔龍紹聖二年造 長壽玉圭政和二 興國

巖銙 香口焙銙 上品揀芽紹聖二 新收揀芽

太平嘉瑞年造和二 龍苑報春宣和四 南山應瑞宣和四年造 揀

興國巖揀芽 興國巖小龍 興國巖小鳳細色已上號揀

芽 小龍 小鳳 大龍 大鳳麤色已上號又有瓊林毓

粹浴雪呈祥壑源拱秀貢篚推先價倍南金暘谷先春

壽巖都勝延平石乳清白可鑒風韻甚高凡十色皆宣

和二年所製越五歲省去 右歲分十餘綱惟白茶與

勝雪自驚蟄前與役浹日乃成飛騎疾馳不出中春已

至京師號為頭綱玉芽以下即先後以次發逮貢足時

夏過半矣歐陽文忠公詩曰建安三千五百里京師三

月嘗新茶蓋異時如此以今較昔又為最早因念草木

之微有瓌奇卓異亦必逢時而後出而況為士者哉昔

昌黎先生感二鳥之蒙採擢而自悼其不如今番於是

茶也焉敢效昌黎之感賦姑務自警而堅其守以待時

而已

試新銙

貢新銙

竹圈

竹圈

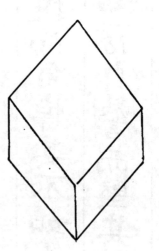

龍園勝雪

白茶

竹圈

銀模

竹圈

銀模

宣和北苑貢茶錄

七

御苑玉芽 銀圈

銀模

萬壽龍芽 銀模

宣和北苑贡茶录

上林第一

按此條原
本闕圖模

乙夜供清

竹圈

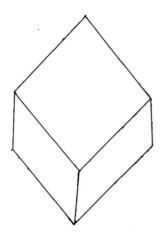

龍鳳英華　　　承平雅玩

竹圌

按此條原
本闕圌模

玉除清賞　本闕圈模

啓沃承恩　竹圈

按此條原

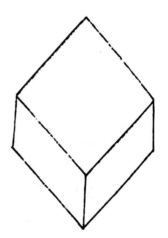

雲葉　　　　雪英　　　　　　銀模

銀圈　　　銀模　銀圈

蜀葵

金錢

銀模

銀圈

銀模

銀圈

十

寸金　　玉華

竹圈　　銀模　　銀圈　　銀模

無比壽芽

銀模

竹圈

萬春銀葉

銀模

銀圈

宜年寶玉

銀模

銀圈

玉清慶雲

銀模

銀圈

銀模

無疆壽龍

竹圈

玉葉長春

竹圈

瑞雲翔龍　　銀模

銅圈

長壽玉圭　　　銀模

銅圈

香口焙銙　　　　興國巖銙

　　　竹圈　　　　　竹圈

上品揀芽

銀模

銅圈

新收揀芽

銀模

銅圈

太平嘉瑞

銅圈

銀模

龍苑報春　銀模

　　　　　銅圈

南山應瑞　銀模

　　　　　銀圈

宣和北苑貢茶錄

興國巖揀芽

銀圈

銀模

小龍

銀圈

銀模

大龍

銅圈

銀模

小鳳

銀模

銅圈

大鳳

銀模

銅圈

按建安志載銙式有方圓大小式無龍鳳則以竹為圈其製有龍鳳者始用銀銅為圈

御苑採茶歌十首并序

先朝曹司封脩睦自號退士嘗作御苑採茶歌十首傳在
人口令龍園所制視昔尤盛惜乎退士不見也蕃謹撫
故事亦賦十首獻之漕使仍用退士元韻以見仰慕前
脩之意

雲腴貢使手親調旋放春天採玉條伐鼓危亭驚曉夢

嘯呼齊上苑東橋　采采東方尚未明玉芽同護見心

誠時歌一曲青山裏便是春風陌上聲　共抽靈草報

天恩貢令分明　龍焙造茶　使指尊遷卒日循雲壑繞山

靈亦守御園門　依御廚法　紛綸爭徑躁新苕回首龍園曉色開

一尉鳴鉦三令趣急持煙籠下山來　見日出　采茶不許　紅日

新升氣轉和翠籃相逐下層坡茶官正要靈芽潤不管

新來帶露多　不折水　採新芽　翠虬新範絳紗籠着罷春生玉

節風叶氣雲蒸千嶂綠歡聲雷震萬山紅　鳳山日日

瀹非煙膡得三春雨露天棠坼淺紅酬一笑柳垂淡綠

困三眠　紅雲島上多海棠　兩堤官柳最盛　龍焙夕薰凝紫霧鳳池曉

二十

濯帶蒼煙水芽只自宣和有一洗鎗旗二百年修貢

年年採萬株只令勝雪與初殊宣和殿裏春風好喜動

天顏是玉腴 外臺慶歷有仙官龍鳳纏聞制小團按建

始改造小團龍茶此詩蓋指此 争得似金模寸璧春風

安志慶歷間蔡公君謨為漕使

第一薦宸餐

先人作茶錄當貢茶極盛之時次序亦同惟蹟龍園勝

雪於白茶之上及無興國巖小龍小鳳葢建炎南渡有

吉罷貢三之一而省去也按建安志載靖康初詔減歲貢三分之一紹興間復減大

龍及京鋌之半十六年又去京鋌改造大龍團至三十
二年凡工用之費籩羞之式皆令漕臣嵗之且减其數
雖府貢龍鳳茶亦附
漕綱以進與此小異先人但著名號克今更寫其形製
庶覽之者無遺恨焉先是壬子春漕司再茸茶政越十
三載乃復舊額且用政和故事補種茶二萬株政和間
萬株次年益虔貢職遂創增品目仍改京鋌為大龍團由
是大龍多於大鳳之數凡此皆近事或者猶未知之也
先人又嘗作貢茶歌十首讀之可想見異時之事故併
取以附於末三月初吉男克北苑寓舍書

曾種三

二十

北苑貢茶最盛然前輩所錄止於慶曆以上自元豐之

密雲龍紹聖之瑞雲龍相繼挺出制精於舊而未有好

事者記焉但見於詩人句中及大觀以來增創新銙亦

猶用揀芽蓋水芽至宣和始有故龍園勝雪與白茶角

立歲充首貢復自御苑玉芽以下厥名寔繁先子親見

時事悉能記之成編具存令閩中漕臺新刊茶錄未備

此書庶幾補其缺云淳熙九年冬十二月四日朝散郎

行秘書郎兼國史編修官學士院權直熊克謹記

宣和北苑貢茶錄考證

第一頁前六行　按臘面以色近取名應从虫作蠟今

通部俱从月姑仍原文附識于此

第二頁前六行　案建安志所載與熊蕃所引有異今

加案聲明

第二十頁後八行　案建安志與熊克所跋異今加案

聲明

北苑別錄　　　宋　趙汝礪　撰

建安之東三千里有山曰鳳凰其下直北苑旁聯諸焙

厥土赤壤厥茶惟上太平興國中御焙歲製龍鳳以羞

貢籠益表珍異慶歷中漕臺益重其事品數日增制度

日精厥令茶自北苑上者獨冠天下非人間所可得也

方其春蟲震蟄千夫雷動一時之盛誠為偉觀故建人

謂至建安而不詣北苑與不至者同僕因攝事遂得研

究其始末姑摭其大槩係為十餘類目之曰北苑別錄

云

御園

九窠十二壠（按建安志茶壠註云九窠十二壠即山之四凹凸處凹為窠凸為壠） 麥窠（按宋子安試茶錄作麥園言其土壤沃並宜藝麥也與此作麥窠異） 壞園 龍遊窠 小苦竹 苦竹裏 雞藪窠（園又西至大園絕尾疎竹按宋子安試茶錄小苦竹翁鷁多飛雉故曰雞藪窠） 苦竹 苦竹源 貓鼠窠（按宋子安試茶錄直西定山之限土石廻向如窠然泉流積陰之處多飛鼠故曰貓鼠窠） 教煉壠 鳳凰山

大小焊　橫坑　猿遊隴按宋子安試茶録鳳凰山東
南至於袁雲龍又南至於張

坑言昔有袁氏張氏居於此因
名其地焉與此作猿遊隴異

中歷録按宋子安試茶
作中歷坑　東際　西際　官平　上下

官坑　石碎窠　虎膝窠　樓隴　舊窠　新園夫

樓基作按大建樓安基志　阮坑　曾坑　黄際　馬鞍山　林

園　和尚園　黄淡窠　吳彥山　羅漢山　水桑窠

師姑園　銅場　靈滋　范馬園　高畬　大窠頭

小山　右四十六所廣袤三十餘里自官平而上為

內園官坑而下為外園方春靈芽莩坼常先民焙十餘

日如九窠十二隴龍遊窠小苦竹張坑西際又為禁園

之先也

開焙

驚蟄節萬物始萌每歲常以前三日開焙遇閏則反之

以其氣候少遲故也 按建安志候當驚蟄萬物始萌漕

司常先三日開焙令羣夫喊山以

助和氣遇閏

則後二日

採茶

374

採茶之法須是侵晨不可見日侵晨則夜露未晞茶芽

肥潤見日則為陽氣所薄使芽之膏腴內耗至受水而

不鮮明故每日常以五更撾鼓集羣夫於鳳凰山有打鼓

亭監採官人給一牌入山至辰刻則復鳴鑼以聚之恐

其踰時貪多務得也大抵採茶亦須習熟募夫之際必

擇土著及諳曉之人非特識茶發早晚所在而於採摘

亦知其指要蓋以指而不以甲則多溫而易損以甲而

不以指則速斷而不柔從舊說也故採夫欲其習熟政為是

耳採夫日役二
百二十五人

揀茶

茶有小芽有中芽有紫芽有白合有烏蔕此不可不辨

小芽者其小如鷹爪初造龍園勝雪白茶以其芽先次

蒸熟置之水盆中剔取其精英僅如針小謂之水芽是

芽中之最精者也中芽古謂一鎗一旗是也紫芽葉微

紫者是也白合乃小芽有兩葉抱而生者是也烏蔕茶

之蔕頭是也凡茶以水芽為上小芽次之中芽又次之

紫芽白合烏帶皆在所取使其擇焉而精則茶之色味

無不佳萬一雜之以所不取則首面不勻色濁而味重

也

蒸茶

茶芽再四洗滌取令潔淨然後入甑俟湯沸蒸之然蒸

有過熟之患有不熟之患過熟則色黃而味淡不熟則

色青易沉而有草木之氣唯在得中之為當也

榨茶

茶既熟謂茶黃須淋洗數過欲其冷也其方入小榨以去其水

又入大榨出其膏水芽則以馬榨壓之以其芽嫩故也先是包以布帛束

以竹皮然後入大榨壓之至中夜取出揉勻復如前入

榨謂之翻榨徹曉奮擊必至於乾淨而後已蓋建茶味

遠而力厚非江茶之比江茶畏流其膏建茶唯恐其膏

之不盡膏不盡則色味重濁矣

研茶

研茶之具以柯為杵以瓦為盆分團酌水亦皆有數上

378

而勝雪白茶以十六水下而揀芽之水六小龍鳳四大

龍鳳二其餘皆以十二焉自十二水以上日研一團自

六水而下日研三團至七團每水研之必至於水乾茶

熟而後已水不乾則茶不熟茶不熟則首面不勻煎試

易沉故研夫尤貴於強有力者也嘗謂天下之理未有

不相須而成者有北苑之茶而後有龍井之水龍井之

水其深不計丈尺清而且甘晝夜酌之而不竭凡茶自

北苑上者皆資焉亦猶錦之於蜀江膠之於阿井詎不

379

信然

造茶

造茶舊分四局匠者起好勝之心彼此相誇不能無弊

遂併而為二焉故茶堂有東局西局之名茶銙有東作

西作之號凡茶之初出研盆蕩之欲其勻揉之欲其膩

然後入圈製銙隨笪過黃有方銙有花銙有大龍有小

龍品色不同其名亦異故隨綱繋之於貢茶云

過黃

茶之過黃初入烈火焙之次過沸湯爁之凡如是者三
而後宿一火至翌日遂過煙焙焉然煙焙之火不欲烈
烈則面炮而色黑又不欲煙煙則香盡而味焦但取其
溫溫而已凡火數之多寡皆視其銙之厚薄銙之厚者
有十火至於十五火銙之薄者亦八火至於六火火數
既足然後過湯上出色出色之後當置之密室急以扇
扇之則色自然光瑩矣

細茶第一綱

龍焙貢新水芽十二水十宿火正貢三十銙創添二十

銙按建安志云頤綱用社前三日進發或稍遲亦不過

社後三日第二綱以後只候火數足發多不過十日

麤色雖于五旬內製畢卻候細綱貢紀以次

進發第一綱拜其餘不拜謂非享上之物也

細茶第二綱

龍焙試新水芽十二水十宿火正貢一百銙創添五十

銙按建安志云數有正貢有添貢有續添

銙正貢之外皆起于鄭可簡為漕日增

細色第三綱

龍園勝雪白茶用十六水七宿火勝雪係驚蟄後採造

龍園勝雪按建安志云龍團勝雪用十六水十二宿火

茶葉稍壯故耐火白茶無培壅之力茶葉如紙故火候
止七宿水取其多則研夫力勝而色白至火力則但取
其適然後不損真味

水芽十六水十二宿火正貢三十銙續添三
十銙創添六十銙

白茶水芽十六水七宿火正貢三
十銙續添十五銙創添八十銙

御苑玉芽〔云自御苑〕

玉芽下凡十四品係細色第三綱其製之也皆以十二
水惟玉芽龍芽二色火候止八宿蓋二色茶曰數比諸
茶差早不敢
多用火力

小芽十二水八宿火正貢一百片〔上林第一〕

龍芽小芽十二水八宿火正貢一百片　萬壽〔按建〕

安志云雪英以下六品火用七宿則是茶力既强不必
火候太多自上林第一至啟沃承恩凡六品日子之製

同故量日力以用火力大抵欲其適當不論採摘
日子之淺深而水皆十二研工多則茶色白故耳　小芽

十二水十宿火正貢一百銙　乙夜供清小芽十二水

十宿火正貢一百銙

正貢一百銙　龍鳳英華小芽十二水十宿火

百銙　玉除清賞小芽十二水十宿火正貢一百銙

啓沃承恩小芽十二水十宿火正貢一百銙　雪英小

芽十二水七宿火正貢一百片　雲葉小芽十二水七

宿火正貢一百片　蜀葵小芽十二水七宿火正貢一

百片　金錢小芽十二水七宿火正貢一百片　玉葉

小芽十二水七宿火正貢一百片　寸金小芽十二水

九宿火正貢一百銙

細色第四綱

龍園勝雪前已見正貢一百五十銙　無比壽芽小芽十

二水十五宿火正貢五十銙創添五十銙　萬春銀葉

小芽十二水十宿火正貢四十片創添六十片　宜年

寶玉小芽十二水十二宿火正貢四十片創添六十片

玉清慶雲小芽十二水九宿火正貢四十片創添六

十片　無疆壽龍小芽十二水十五宿火正貢四十片

創添六十片　玉葉長春小芽十二水七宿火正貢一

百片　瑞雲翔龍小芽十二水九宿火正貢一百八片

長壽玉圭小芽十二水九宿火正貢二百片　興國

巖銙巖屬南劍州頃遭兵火
廢今以北苑芽代之　中芽十二水十宿火正貢

二百七十銙　香口焙銙中芽十二水十宿火正貢五

百銙　上品揀芽小芽十二水十宿火正貢一百片

新收揀芽中芽十二水十宿火正貢六百片

細色第五綱

太平嘉瑞小芽十二水九宿火正貢三百片　龍苑報

春小芽十二水九宿火正貢六百片創添六十片　南

山應瑞小芽十二水十五宿火正貢六十

鑄　興國巖揀芽中芽十二水十宿火正貢五百一十

片　興國巖小龍中芽十二水十五宿火正貢七百五

十片　興國巖小鳳中芽十二水十五宿火正貢五十

片

　先春兩色

太平嘉瑞已見　正貢二百片　長壽玉圭前已見　正貢一

百片

續入額四色

御苑玉芽前已見　正貢一百片　萬壽龍芽前已見　正貢一

百片　無比壽芽前已見　正貢一百片　瑞雲翔龍前已見

正貢一百片

麤色第一綱

正貢　不入腦子上品揀芽小龍一千二百片按建安志云入腦茶水須差多研工勝則香味與茶相入不入腦茶水須差省以其色不必白但欲火候深則茶味出耳六

水十宿火　入腦子小龍七百片四水十五宿火　增

添　不入腦子上品揀芽小龍一千二百片　入腦子

小龍七百片　建寧府附發小龍茶八百四十片

麤色第二綱

正貢　不入腦子上品揀芽小龍六百四十片　入腦

子小龍六百七十二片　入腦子小鳳一千三百四十

四片四水十五宿火　入腦子大龍七百二十片二水

十五宿火　入腦子大鳳七百二十片二水十五宿火

增添　不入腦子上品揀芽小龍一千二百片入

腦子小龍七百片　建寧府附發小鳳茶一千二百片

廳色第三綱

正貢　不入腦子上品揀芽小龍六百四十片入腦

子小龍六百四十四片　入腦子小鳳六百七十二片

入腦子大龍一千八片　入腦子大鳳一千八片

增添　不入腦子上品揀芽小龍一千二百片　入腦

子小龍七百片　建寧府附發大龍茶四百片大鳳茶

四百片

麤色第四綱

正貢　不入腦子上品揀芽小龍六百片　入腦子小

龍三百三十六片　入腦子小鳳三百三十六片　入

腦子大龍一千二百四十片　入腦子大鳳一千二百

四十片　建寧府附發大龍茶四百片大鳳茶四百片

廳色第五綱

正貢　入腦子大龍一千三百六十八片　入腦子大

鳳　一千三百六十八片　京鋌攺造大龍一千六片

建寧府附發大龍茶八百片大鳳茶八百片

廳色第六綱

正貢　入腦子大龍一千三百六十片　入腦子大鳳

一千三百六十片　京鋌攺造大龍一千六百片　建

寧府附發京鋌改造大龍一千三百片

麤色第七綱

正貢　入腦子大龍一千二百四十片　入腦子大鳳

一千二百四十片　京鋌改造大龍二千三百五十二

片　建寧府附發大龍茶二百四十片大鳳茶二百四

十片京鋌改造大龍四百八十片

細色五綱按建安志云細色五綱凡四十三品形

色各異其間貢新試新龍團勝雪白茶

御苑玉芽此五品中

水揀第一生揀次之

貢新為最止後開焙十日入貢龍團勝雪為最精而建

人有直四萬錢之語夫茶之入貢圈以箬葉內以黃斗

盛以花箱護以重篚 按建安志載護以重篚下花箱內有扃以銀鑰疑此脫去

外又有黃羅幕之可謂什襲之珍矣

麤色七綱 按建安志云麤色七綱凡五品大小龍鳳并揀芽悉入腦和膏為團共四萬餅

即雨前茶閩中地煖穀

雨前茶巳老而味重

揀芽以四十餅為角小龍鳳以二十餅為角大龍鳳以

八餅為角圈以箬葉束以紅縷包以紅楮緘以鏛綾帷

揀芽俱以黃焉

開畬

草木至夏益盛故欲導生長之氣以滲雨露之澤每歲

六月興工慮其本培其土滋蔓之草過鬱之木悉用除

之政所以導生長之氣而滲雨露之澤也此之謂開畬

按建安志云開畬茶園惡草每遇夏日最烈時用眾鋤

治殺去草根以糞茶根名曰開畬若私家開畬即夏半

初秋各開工一次故私園惟桐木則留焉桐木之性與

最茂但地不及焙之勝耳

茶相宜而又茶至冬則畏寒桐木望秋而先落茶至夏

而畏日桐木至春而漸茂理亦然也

外焙

石門　乳吉　香口

右三焙常後北苑五七日興工

每日採茶蒸榨以過黃悉送北苑併造

舍人熊公博古洽聞嘗於經史之暇輯其先君所著北

苑貢茶錄鋟諸木以垂後漕使侍講王公得其書而悅

之將命摹勒以廣其傳汝礪白之公曰是書紀貢事之

源委與制作之更沿固要且備矣惟水數有贏縮火候

有淹瓯纲次有後先品色有多寡亦不可以或阙公曰

然遂掀书肆所刊修贡录曰几水曰火几宿曰某纲曰

其品若干云者条列之又以其所采择製造诸说併丽

于编末目曰北苑别录俾开卷之顷尽知其详亦不为

无补淳熙丙午孟夏望日门生从政郎福建路转运司

主管帐司赵汝砺敬书

東溪試茶錄

宋　宋子安　撰

隱首七閩山川特異峻極廻環勢絕如甌其陽多銀銅

其陰孕鉛鐵厥土赤墳厥植惟茶會建而上羣峰益秀

迎抱相向草木叢條水多黃金茶生其間氣味殊美豈

非山川重複土地秀粹之氣鍾於是而物得以宜歟北

苑西距建安之迴溪二十里而近東至東宮百里而遙

一

東東宮其一也過迴溪二十宮則僅能成餅耳獨北苑

姬名有三十六

連屬諸山者最勝北苑前枕溪流比涉數里茶皆氣會

然色濁味尤薄惡況其遠者乎亦猶橘過淮為枳也近

蔡公作茶錄亦云隔溪諸山雖及時加意製造色味皆

重矣令北苑焙風氣亦殊先春朝隋常雨霽則霧露昏

蒸晝午猶寒故茶宜之茶宜高山之陰而喜日陽之早

自北苑鳳山南直苦竹園頭東南屬張坑頭皆高遠先

陽處歲發常早芽極肥乳非民間所比次出壑源嶺高

土缺地茶味甲於諸焙丁謂亦云鳳山高不百丈無危

峰絕巘而岡阜環抱氣勢柔秀宜乎嘉植靈卉之所發

也又以建安茶品甲於天下疑山川至靈之卉天地始

和之氣盡此茶矣又論石乳出壑嶺斷崖缺石之間蓋

草木之仙骨丁謂之記錄建溪茶事詳備矣至於品載

此云北苑壑源嶺及捴記官私諸焙千三百三十六耳

近蔡公亦云唯北苑鳳凰山連屬諸焙所產者味佳故

四方以建茶為佳皆曰北苑建人以近山所得故謂之

鑿源好者亦取鑿源口南諸葉皆云彌珍絕傳致之間

識者以色味品第反以鑿源為疑今書所異者從二公

紀土地勝絕之目具疏園隴百名之異香味精麤之別

庶知茶於草木為靈最矣去畝步之間別移其性又以

佛嶺葉源沙溪附見以質二焙之美故曰東溪試茶錄

自東宮西溪南焙北苑皆不足品第今略而不論

惣叙焙名　北苑諸焙或還民間或隸北

　　　　　苑前書未盡令始終其事

舊記建安郡官焙三十有八自南唐歲率六縣民採造

大為民間所苦我宋建隆已來環北苑近焙歲取上供

外焙俱還民間而裁稅之至道年中始分游坑臨江汾

常西濛洲西小豐大熟六焙而南劍又免五縣茶民專

以建安一縣民力裁足之而除其口率泉慶曆中取蘇

口曾坑石坑重院還屬北苑焉又丁氏舊錄云官私之

焙千三百三十有六而獨記官焙三十二東山之焙十

有四北苑龍焙一乳橘內焙二乳橘外焙三重院四壑

嶺五渭源六范源七蘇口八東宮九石坑十建溪十一

三

香口十二火梨十三開山十四南溪之焙十有二下瞿

一濛洲東二汾東三南溪四斯源五小香六際會七謝

坑八沙龍九南鄉十中瞿十一黃熟十二西溪之焙四

慈善西一慈善東二慈惠三船坑四北山之焙二慈善

東一豐樂二

北苑_{曾坑石}
_{坑附}

建溪之焙三十有二北苑首其一而園別為二十五苦

竹園頭甲之麤鼠窠次之張坑頭又次之苦竹園頭連

屬窠坑在大山之北園植北山之陽大山多脩木叢林

鬱薈相及自焙口達源頭五里地遠而益高以園多苦

竹故名曰苦竹以高遠居衆山之首故曰園頭直西定

山之隈土石廻向如窠然南挾泉流積陰之處而多飛

鼠故曰鼯鼠窠其下曰小苦竹園又西至于大園絶山

尾疎竹翁翳昔多飛雉故曰雞藪窠又南出壤園麥園

言其土壤沃宜麰麥也自青山曲折而北嶺勢屬如貫

魚凡十有二又隈曲如窠巢者九其地別為九窠十二

隴隈深絕數里曰廟坑坑有山神祠焉又焙南直東嶺

極高峻曰教練隴東入張坑南距苦竹帶北岡勢橫直

故曰坑坑又北出鳳凰山其勢中時如鳳之首兩山相

向如鳳之翼因取象焉鳳凰山東南至于袁雲隴又南

至于張坑又南最高處曰張坑頭言昔有袁氏張氏居

於此因名其地焉出袁雲之北平下故曰平園絕嶺之

表曰西際其東為東際焙東之山縈紆如帶故曰帶園

其中曰中歷坑東又曰馬鞍山又東黃淡窠謂山多黃

淡也絕東為林園又南曰柢園又有蘇口焙與北苑不

相屬昔有蘇氏居之其園別為四其最高處曰魯坑際

上又曰竹園又北曰官坑上園下坑園慶歷中始入北

苑歲貢有魯坑上品一斤叢出於此魯坑山淺土薄苗

發多紫復不肥乳氣味殊薄令歲貢以苦竹園茶充之

而蔡公茶錄亦不云曾坑者佳又石坑者涉溪東北距

焙僅一舍諸焙絕下慶歷中分屬北苑園之別有十一

日大坑二日石雞望三日黃園四日石坑古焙五曰重

院六曰彭坑七曰蓮湖八曰嚴歴九曰烏石髙十曰髙

尾山多古木脩林令為本焙取材之所圍焙歲久令廢

不闢二焙非產茶之所令附見之

壑源 附葉源

建安郡東望北苑之南山叢然而秀髙峰數百丈如郛

郭焉 民間所謂捍火山也 其絶頂西南下視建之地邑 民間謂之望州山

山起壑源口而西周抱北苑之羣山迤邐南絶其尾歸

然山阜髙者為壑源頭言壑源嶺山自此首也大山南

北以限沙溪其東曰鑿水之所出水出山之南東北合
為建溪鑿源口者在北苑之東北南徑數里有僧居曰
承天有園隴北稅官山其茶甘香特勝近焙受水則渾
然色重粥面無澤道山之南又西至于童歷童歷西曰
後坑西曰連焙南曰焙山又南曰新宅又西曰嶺根言
北山之根也茶多植山之陽其土赤埴其茶香少而黃
白嶺根有流泉清淺可涉涉泉而南山勢回曲東去如
鈎故其地謂之鑿嶺坑頭茶為勝絕處又東別為大窠

坑頭至大窠為正鑿嶺寔為南山土皆黑埴茶生山陰

厭味甘香厥色青白及受水則淳淳光澤民間謂之視冷粥面

其面漸散如粟難去社芽葉過老色益青明氣益鬱然

其止則苦去而甘至民間謂之草木大而味大是也他焙芽葉遇老色

益青濁氣益勃然甘至則味去而苦留為異夫大窠之

東山勢平盡曰鑿嶺尾茶生其間色黃而味多土氣絕

大窠南山其陽曰林坑又西南也鑿嶺根其西曰鑿嶺

頭道南山而東曰穿欄焙又東曰黃際其北曰李坑山

漸平下茶色黃而味短自鼇嶺尾之東南溪流繚遶岡

阜不相連附極南塢中曰長坑踰嶺為葉源又東為梁

坑而盡于下湖葉源者土赤多石茶生其中色多黃青

無粥面粟紋而頗明爽復性重喜沉為次也

佛嶺

佛嶺連接葉源下湖之東而在北苑之東南隔鼇源溪

水道自章阪東際為丘坑坑口西對鼇源亦曰鼇口其

茶黃白而味短東南曰魯坑 北苑 其正東曰後歷曾坑

之陽曰佛嶺又東至于張坑又東曰李坑又有硬頭後

洋蘇池蘇源郭源南源畢源苦竹坑岐頭橦頭皆周環

佛嶺之東南茶火甘而多苦色亦重濁又有箐源 <small>箐音膽未</small>

<small>詳此</small> 石門江源白沙皆在佛嶺之東北茶泛然縹塵色

字

而不鮮明味短而香少為芳耳

沙溪

沙溪去北苑西十里山淺土薄茶生則葉細芽不肥乳

自溪口諸焙色黃而土氣自龔滐南曰梃頭又西曰章

坑又南曰永安西南曰南坑漈其西曰砰溪又有周坑

范源溫湯漈厄源黃坑石龜李坑童坑童村小梨皆屬

沙溪茶大率氣味全薄甚輕而浮泙泙如土色製衣造亦

殊礫源者不多留膏蓋以去膏盡則味少而無澤也茶之

澤也

面無光 故多苦而少甘

茶名

茶之名有七一曰白葉茶民間大重出於近歲園焙時

有之地不以山川遠近發不以社之先後芽葉如紙民

間以為茶瑞取其第一者為闕茶而氣味殊薄非食茶

之比令出壑源之大窠者六

巖下一〔滋〕葉務源頭二〔葉園〕

葉胘〔葉仲元 葉世萬 葉世　榮 葉勇 葉世積 葉相壑源〕

葉居壑源後坑葉 久壑源嶺根三 公

葉品林坑黃淙一〔游〕客丘坑一〔章〕〔游用 畢源一 王大〕〔游 佛嶺尾〕〔熙〕

一游道沙溪之大梨淙上一〔謝〕汀高石巖一〔院〕〔雲搽 大梨一〕

呂演硯溪嶺根一者〔任道〕次有柑葉茶樹高丈餘徑頭七八

寸葉厚而圓狀類柑橘之葉其芽發即肥乳長二寸許

為食茶之上品三曰早茶亦類柑葉發常先春民間採

製為試焙者四曰細葉茶葉比柑葉細薄樹高者五六

尺芽短而不乳今生沙溪山中蓋土薄而不茂也五曰

稽茶葉細而厚密芽晚而青黄六曰晚茶蓋雞茶之類

發比諸茶晚生於社後七日叢茶亦曰蘖茶叢生高不

數尺一歲之間發者數四貧民取以為利

採茶 辨茶須知製

造之始故次

建溪茶比他郡最先北苑壑源者尤早歲多暖則先驚

蟄十日即芽歲多寒則後驚蟄五日始發先芽者氣味

415

俱不佳唯過驚熟者最為第一民間常以驚熟為候諸

焙後北苑者半月去遠則益晚凡採茶必以晨興不以

日出日出露晞為陽所薄則使芽之膏腴耗於內茶

及受水而不鮮明故常以早為最凡斷芽必以甲不以

指以甲則速斷不柔以指則多溫易損擇之必精濯之必

潔蒸之必香火之必良一失其度俱為茶病 民間常以春陰為採

茶得時日出而採則芽葉易

損建人謂之採摘不鮮是也

茶病 試茶辨味必漬知 茶之病故又次也

416

芽擇肥乳則甘香而粥面着盞而不散土瘠而芽短則

雲腳渙亂去盞而易散葉梗半則受水鮮白葉梗短則

色黃而泛梗謂芽之身除去白合處茶民以茶之色味俱在梗中

大病不去烏蔕則色黃黑而惡不去白合則味苦澀謂丁適口則知鳥蔕白合茶之

之論蒸芽必熟去膏必盡蒸芽未熟則草木氣存滿失

去膏未盡則色濁而味重受煙則香奪壓黃則味失此

皆茶之病也受煙謂過黃時火中有煙使茶香盡而煙臭不去也壓去膏之時久留茶黃未造使

黃經宿香味俱失矣
然氣如假於外臭也

東溪試茶錄

煎茶水記　　　　　譜錄類飲饌之屬

　提要

臣等謹案煎茶水記一卷唐張又新撰又新

字孔昭深州陸澤人司門員外郎薦之曾孫

工部侍郎薦之子也元和九年進士第一歷

官右補闕黨附李逢吉為八關十六子之一

逢吉出為山南東道節度使以又新為行軍

司馬坐田伾事貶江州刺史後又貴緣李訓

遷刑部郎中為申州刺史訓死復坐貶終於

左司郎中事迹具新唐書本傳其書前列刑

部侍郎劉伯芻所品七水次列陸羽所品二

十水云元和九年初成名時在薦福寺得於

楚僧本題曰煮茶記乃代宗時湖州刺史李

季卿得於陸羽口授後有葉清臣述煮茶泉

品一篇歐陽修大明水記一篇浮槎山水記

一篇考書錄解題載此書已稱大明水記載

卷末則宋人所附入也清臣所記稱又新此

書為水經疑偶然誤記修所記極詆又新之

妄謂與陸羽所說皆不合今以茶經校之信

然殆以羽號善茶當代所重故又新託名歟

乾隆四十九年閏三月恭校上

　　總纂官臣紀昀臣陸錫熊臣孫士毅

　　總校官臣陸費墀

二

提要

煎茶水記

唐 張又新 撰

故刑部侍郎劉公諱伯芻於又新丈人行也為學精博

顏有風鑒稱較水之與茶宜者凡七等

揚子江南零水第一

無錫惠山寺石水第二

蘇州虎丘寺石水第三

丹陽縣觀音寺水第四

揚州大明寺水第五

吳松江水第六

淮水最下第七

斯七水余嘗俱瓶於舟中親挹而比之誠如其說也

客有熟於兩浙者言搜訪未盡余嘗志之及剌永嘉

過桐廬江至嚴子瀬溪色至清水味甚冷家人輩用

陳黑壞茶潑之皆至芳香又以煎佳茶不可名其鮮馥

也又愈於揚子南零殊遠及至永嘉取仙巖瀑布用

之亦不下南零以是知客之說誠哉信矣夫顯理鑒物

今之人信不逮於古人蓋亦有古人所未知而今人能

知之者元和九年春予初成名與同年生期于薦福

寺余與李德垂先至憩西廂玄鑒室會適有楚僧至

置囊有數編書余偶抽一通覽焉文細密皆雜記卷末

又一題云煮茶記云代宗朝李季卿剌湖州至維揚逢

陸處士鴻漸李素熟陸名有傾蓋之懽因之赴郡抵揚

二

子驛將食李曰陸君善於茶蓋天下聞名矣況揚子

南零水又殊絕今日二妙千載一遇何曠之乎命軍士

謹信者挈瓶操舟深詣南零陸利器以俟之俄水至陸

以杓揚其水曰江則江矣非南零者似臨岸之水使曰

其櫂舟深入見者累百敢虛紿乎陸不言既而傾諸盆

至半陸遽止之又以杓揚之曰自此南零者矣使蹴然

大駭馳下曰某自南零齋至岸舟蕩覆半懼其勘抱

岸水增之處士之鑒神鑒也其敢隱也李與賓從數十

426

人皆大骇愕李因问陆既如是所经历处之水优劣精

可判矣陆曰楚水第一晋水最下李因命笔口授而次

第之

　　庐山康王谷水簾水第一

　　无锡县惠山寺石泉水第二

　　蕲州兰溪石下水第三

　　峡州扇子山下有石窍然泄水独清冷状如龟

　　　形俗云虾蟇口水第四

蘇州虎丘寺石泉水第五

廬山招賢寺下方橋潭水第六

揚子江南零水第七

洪州西山西東瀑布水第八

唐州柏巖縣淮水源第九 淮水亦佳

廬州龍池山顧水第十

丹陽縣觀音寺水第十一

揚州大明寺水第十二

漢江金州上游中零水第十三 水苦

歸州玉虛洞下香溪水第十四

商州武關西洛水第十五 未嘗泥

吳松江水第十六

天台山西南峯千丈瀑布水第十七

郴州圓泉水第十八

桐廬嚴陵灘水第十九

雪水第二十 用雪不可太冷

此二十水余嘗試之非繫茶之精麤過此不之知也夫

茶烹於所產處無不佳也蓋水土之宜離其處水功其

半然善烹潔器全其功也李實諸皆焉遇有言茶者即

示之又新刺九江有客李滂門生劉魯封言嘗見說余

醒然思往歲僧室獲是書因盡篋書在焉古人云瀉水

置瓶中焉能辨淄澠此言必不可判也萬古以為信然蓋

不疑矣豈知天下之理未可言至古人研精固有未盡

強學君子孜孜不憫豈止思齊而已哉此言亦有裨於

勸勉故記之

述煮茶泉品

夫渭黍汾麻泉源之異稟江橘淮枳土地之或遷誠物
類之有宜亦臭味之相感也若乃擷華掇秀多識草木
之名澆濁揚清能辨淄澠之品斯固好事之嘉尚博識
之精鑒自非嘯傲塵表逍遙林下樂追王濛之約不敗
陸訥之風其孰能與於此乎吳楚山谷間氣清地靈若
後穎挺多孕茶舛為人採拾大率右於武夷者為白

乳甲於吳興者為紫筍産禹穴者以人章顯茂錢塘者

以徑山稀至於續廬之巖雲衡之麓鴉山著於無歙濛

頂傳於岷蜀角立差勝毛舉寔繁然而天賦尤異性靡

受和苟制非其妙烹失於術雖先雷而嬴未雨而檐

蒸焙以圖造作以經而泉不香水不甘爨之揚之若淤

若滓予少得溫氏所著茶說嘗識其水泉之目有二十

烏會西走巴峽經蝦蟇口北憩蕪城汲蜀岡井東游故

都絶揚子江留丹陽縣觀音泉過無錫斟慧山水粉

槍末旗蘇蘭薪桂且汲且㽅以飲以歡莫不瀹氣滌慮

蠲病折酲祛鄙吝之生心招神明而還觀信乎物類之

得宜臭味之所感幽人之佳尚前賢之精鑒不可及已

噫紫華綠英均一草也清瀾素波均一水也皆忘情於

庶彙或求伸於知己不然者蓁薄之莽溝瀆之流亦奚

以異哉游鹿故宮依蓮盛府一命受職再碁服勞而虛

丘之戚沸松江之清泚復在封畛居然抱注是嘗所

得於鴻漸之目二十而七也昔酈元善於水經而未嘗

知茶玉肅癖於茗飲而言不及水表是二美吾無愧焉

凡泉品二十列於右幅且使盡神方之四兩遂成奇功

代酒限於七升無忘真賞云瀰南陽葉清臣述〔泉品二十見張〕

又新
水經

大明水記

世傳陸羽茶經其論水云山水上江水次井水下又云

山水乳泉石池漫流者上瀑湧湍漱勿食食久令人有

頸疾江水取去人遠者井取汲多者其說止於此而未

當品第天下之水味也至張又新為煎茶水記始云劉

伯芻謂水之宜茶者有七等又載羽為李秀卿論水次

第有二十種今考二說與羽茶經皆不合謂山水上乳

泉石池又上江水次而井水下伯芻以揚子江為第一

惠山石泉為第二虎丘石井第三丹陽寺井第四揚州

大明寺井第五而松江第六淮水第七與羽說皆相反

秀卿所說二十水廬山康王谷水第一無錫惠山石泉

第二蘄州蘭谿石下水第三扇子峽蝦蟆口水第四虎

丘寺井水第五廬山招賢寺下方橋潭水第六揚子

江南零水第七洪州西山瀑布第八桐柏淮源第九廬

山龍池山頂水第十丹陽寺井第十一揚州大明寺井

第十二漢江中零水第十三玉虛洞香谿水第十四武

關西水第十五松江水第十六天台千丈瀑布水第十

七郴州圓泉第十八嚴陵灘水第十九雪水第二十如

蝦蟇口水西山瀑布天台千丈瀑布皆戒人勿食食之

生疾其餘江水居山水上井水居江水上皆與羽經相

反疑羽不當二說以自異使誠羽說何足信也得非又

新妄附益之邪其述羽辨南零岸時怪誕甚妄也水味

有美惡而已欲求天下之水一二而次第之者妄說也

故其為說前後不同如此然此井為水之美者羽之論

水惡渟浸而喜泉源故井取汲者江雖長然眾水雜聚

故次山水惟此說近物理云

浮槎山水記

浮槎山在慎縣南三十五里或曰浮巢二山其事出於浮圖

八

437

老子之徒荒怪誕幻之說其上有泉自前世言水者皆弗道

余嘗讀茶經愛陸羽善言水後得張又新水記載劉伯芻

李季卿所列水次第以為得之於羽然以茶經考之皆

不合又新妄狂險譎之士其言難信頗疑非羽之說及

得浮槎山水然後益知羽為知水者浮槎與龍池山皆

在廬州界中較其味不及浮槎遠甚而又新所記以龍

池山第十浮槎之水棄而不錄以此知其所失多矣羽

則不然其論曰山水上江次之井為下山水乳泉石池

438

漫流者上其言雖簡而於論水盡矣浮槎之水㷭自李

侯嘉祐二年李侯鎮東留後出守廬州因游金陵登蔣

山飲其水又登浮槎至其山上有石池滀滀可愛蓋羽

所謂浮泉漫流者也飲之則甘乃考圖記問故老得其

事迹因以其水遺余於京師余報之曰李侯可謂賢矣

盡竊天下之物無不得其欲者富貴之樂也至於蔭長

松籍豐草聽山溜之瀯渶飲石泉之滴瀝此山林者之樂

也而山林之士視天下之樂不一動其心或有欲於心

顧力不可得而止者乃能退而獲樂於斯彼富貴者之

能致物矣而其不可兼者惟山林之樂爾惟李侯生長

富貴厭於耳目又知山林之為樂至於攀緣上下幽隱

窮絕人所不及者皆能得之其兼取於物者可謂多矣

李侯折節好學喜交賢士敏於為政所至有能名凡物

不能自見而待人以彰者有矣其物未必可貴而因人

以重者有矣故予為誌其事俾世知奇泉發自李侯始也

煎茶水記

總校官候補知府臣葉佩蓀

校對官中書臣江漣

謄錄監生臣王金輅

圖書在版編目（ＣＩＰ）數據

茶經·續茶經 / (唐) 陸羽著；(清) 陸廷燦續輯.
— 北京：中國書店, 2014.1
ISBN 978-7-5149-0999-9

Ⅰ.①茶… Ⅱ.①陸… ②陸… Ⅲ.①茶葉–文化–
中國–古代 Ⅳ.①TS971

中國版本圖書館CIP數據核字(2013)第247516號

四庫全書·藝術類	
茶經　續茶經	
作　者	唐·陸羽撰　清·陸廷燦撰
出版發行	中國書店
地　址	北京市西城區琉璃廠東街一一五號
郵　編	一〇〇〇五〇
印　刷	北京中創彩色印刷有限公司
開　本	730mm×1130mm 1/16
印　張	49.125
版　次	二〇一四年一月第一版第一次印刷
書　號	ISBN 978-7-5149-0999-9
定　價	一二八 元（全二冊）